禅境景观

王金涛 著

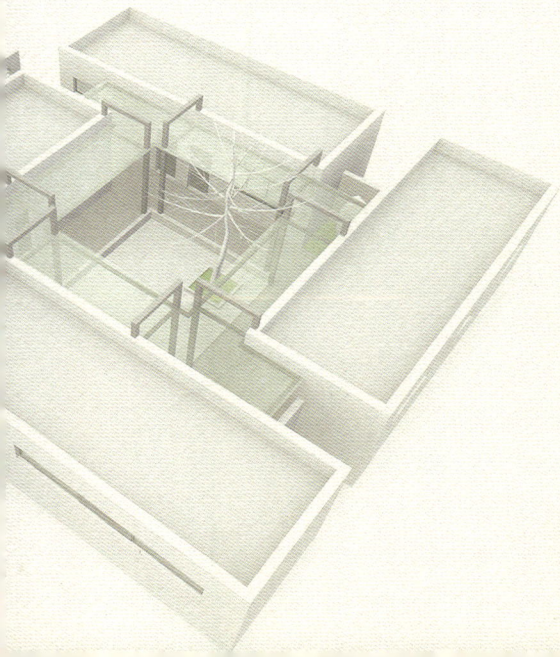

凤凰出版传媒集团
江苏人民出版社

凤凰空间
IFENGSPACE

图书在版编目（CIP）数据

禅境景观 ／ 王金涛 著．
—南京：江苏人民出版社，2011.10
ISBN 978-7-214-05670-2

Ⅰ．①禅… Ⅱ．①王… Ⅲ．①景观设计 Ⅳ．① TU986.2

中国版本图书馆 CIP 数据核字 (2011) 第 156874 号

禅境景观

王金涛　著

策划编辑	段建姣
责任编辑	刘　焱　段建姣
责任监印	吴慧玲
出　　版	江苏人民出版社（南京湖南路 1 号 A 楼　邮编：210009）
发　　行	天津凤凰空间文化传媒有限公司
销售电话	022-87893668
网　　址	http://www.ifengspace.cn
集团地址	凤凰出版传媒集团（南京湖南路 1 号 A 楼　邮编：210009）
经　　销	全国新华书店
印　　刷	北京顺诚彩色印刷有限公司
开　　本	889 毫米 ×1194 毫米　　1/24
印　　张	6
字　　数	100 千字
版　　次	2011 年 10 月第 1 版
印　　次	2017 年 1 月第 2 次印刷
书　　号	ISBN 978-7-214-05670-2
定　　价	49.80 元

（本书若有印装质量问题，请向发行公司调换）

前言

　　中国当代的景园设计在近年得到了飞速的发展，各种类别的景园形式在学习国外和自我实践的双重作用下日趋成熟。然而伴随着房地产开发业的兴旺，大多数景观都停留在满足功能和形式美观的层面之上，很少有能超越形式而达到"空间精神"层面的设计。另外我国的佛寺景园也从未形成一个成熟和完整的营建体系。针对这样的现状，本书以探讨空间意境和空间精神为主，拟站在禅境景观的基点上，向读者明确提出"禅境景观"或"意境空间"的概念，旨在唤起大家对景园设计中深层次的"意境"探究，使我们的设计达到精神与灵魂的高度。

　　早在2004年，笔者就开始了禅境景观方面的研究。在这7年当中，几乎是孤独地行走在这条道路之上，但每当自己的设计和情感交融到最高潮的时候，仿佛总能看见自己或坐或站地处在设计的空间之中，感觉到这是一场"心灵的设计"，同时也会思考设计的终极境界到底是什么。在此，笔者冒昧地将设计分成了三个层面：其一是满足功能和形式美观的设计，这样的设计没有大错，但同时也没有什么亮点和值得称道的地方；其二就是在满足功能和形式美观的基础之上具有一定空间氛围的设计，当然也可以同时具备人性化、生态、可持续发展等要素；其三就是具备了一定的文化含义和空间意境的设计，这样的设计不仅能美化环境，更能调理心情，让人在精神层面上得以进步和升华。所以任何一个好的设计，都应该归潮到精神和心灵的层面，达到对普通人的"精神拯救"。

　　谨以此书来唤起大家对"意境空间"和"禅境景观"的关注，希望能有更多的人加入到"禅境景观"的研究行列当中来，共同促进我国景观设计行业的发展。

编者

2011年7月

目录

第一章　绪论

（一）什么是禅境景观

（二）东方审美下的日本佛教园林

（一）什么是禅境景观

1. 禅境景观是中国传统园林、佛教景园及现代城市景园三者的结合

中国传统园林、佛教景园及现代城市景园这三种园林形式，都有自己独特的精神意境和形式风格。中国传统园林分为皇家园林、私家园林和寺观园林这三种形式。皇家园林也称"苑"或者"囿"，其风格主要有三个特点：①规模宏大，纵横数百里；②建筑雄伟壮丽，采用大式方法修建；③布局精美，庄重严谨，旨在体现至高无上的皇家气派。皇家园林一般建在京城里面，与皇宫相毗连，建在郊外的则一般和皇帝的离宫或行宫相连，其中面积最广、人工雕琢痕迹最少的则为"狩猎场"，是皇帝打猎游玩的地方。皇家造园追求宏伟的气派和独一无二的皇权象征性，所以皇家园林一般有多条主次分明、纵横交错的轴线关系。皇家园林除了"大"之外，也追求"精"。宋、明之后，它借鉴众多私家园林精巧的特色与寺院园林空灵的特征，将各种私家园林风格和寺观园林风格引入其中，亭、台、楼、阁和假山、湖、

海等园林元素一应俱全，在细节雕琢上也精细和华丽到了极致。

宋朝以后，私家园林逐渐发展成熟且兴盛起来。据《梦粱录》一书记载："西林桥即里湖内，俱是贵官园圃，凉堂画阁，高台危榭，花木奇秀，灿然可观。"所以，在中国传统园林形式中，私家园林非常具有代表性。中国传统私家园林多为官宦或文人墨客所有，因此，中国私家园林也称"文人园"。由于中国私家园林主人亦官亦文的身份特征，他们将自己外在的"治国平天下"和内在的"修身养性"这两种精神性格融为一体，体现在自己的私家园林之中，这使得中国私家园林表现出文人学士"文心"与"禅心"相结合的审美心态。自然之美、建筑之美、绘画之美和文学艺术等多种形式在中国私家园林中都集中体现。这多方面因素的融合让中国私家园林的风格自然清新，温馨秀雅，其秀婉的形式和幽玄的精神性深深地吸引和召唤着古

往今来的文人骚客。

佛教景园从中国传统园林中走来，它继承了中国传统园林的一些特性，又融入了一些自身的手法和因素。佛教园林顾名思义，首先它是佛寺的附属部分，所以佛寺中的建筑部分（如亭、廊、殿、塔等）都自然地成了佛教园林中的建筑小品，而石经幡、石灯笼、石碑等也顺其自然地成为佛教园林中的景观小品。除了这些中国传统园林中具有的基本元素之外，佛教景园也从自己的宗教文化中得到创意，提炼出自己独特的园林符号和设计主题。首先繁多的佛菩萨雕像就足以点缀佛教的园林空间。再如四大部洲、九山八海、极乐世界以及民间对观世音菩萨紫竹林的想象等，这些佛经中提及的、对宇宙空间的描述也被设计进了佛教园林之中。总的来说，中国佛教园林是由中国传统的皇家园林和私家园林衍生而来，它与这二者有一定的相似性，但同时也有着自己较强的宗教性，幽玄、空灵、雅静、充满意境是其主要特点。下面这首唐代诗人的作品就很好地表达了佛教园林的意境特征。

题破山寺后禅院

常建

清晨入古寺，初日照高林。

曲径通幽处，禅房花木深。

山光悦鸟性，潭影空人心。

万籁此俱寂，但余钟磬音。

随着时代的发展，现代城市景园应运而生。20世纪初期开始的"新建筑运动"掀起了现代主义设计风格的序幕。现代主义设计强调功能和形式的统一，形式上力求简约，以几何形为主，追求最大的功能化，使形式服从于功能，并选用新的建筑材料和工艺技术，打破传统，适应新时代的要求。准确地说，现在普通大众所提到的现代风格是在现代主义设计的大框架下，融合了其他多种设计风格的一个"混搭"，如我们经常看到的貌似现代的建筑、景观或者室内设计等，都是如此。现代城市景园便属于现代主义设计发展的结果。但是在近一个世纪的演变中，现代城市景园已不再完全遵从于现代主义设计的设计规范，它在现代主义设计的基础上融合了"后现代主义设计""表现主义""象征主义"等手法。

禅境景观与现代主义设计的发展一样，也是顺应了人类文明的发展潮流，将产生和发展于农业社会中的佛教园林转变成一种适应新时代工业文明的景观形式。这种景观形式提取了中国传统园林特别是佛教园林内在的精神和意境，同时运用了现代主义设计的外在形式和构成手法，将中国传统园林、佛教景园及现代城市景园这三者结合起来，旨在探究出一种适应当代民众且具有极强的空间精神和意境的景观形式。正如悟因法师所说，"宗教建筑不应完全抄袭传统，应该要放入时代的精神与意义。每一项宗教的艺术品，包括建筑，都要反映时代人心的需求、渴望，及对宗教的想法与向往。如何用现代的材质、现代的意念来符合现代人的宗教需求，并加以现代的诠释……"这里提出的禅境景观并非"宗教景观"，不主张一切景观园林必须回溯到宗教信仰之中，但宗教对于现代浮躁社会中的人心具有缓压与安抚的作用却是肯定的。禅宗是中国佛教的重要体现，其中"禅"的精神与意境更是中国文化的精神共享资源。因此，禅境景观中空间精神和意境以"禅"的境界为主，目的是让当代人的心灵和精神世界更加丰满，在精神上给予我们一定的慰藉和归属感。

2. 禅境景观是物质化了的精神空间

禅境景观作为一种以意境设计为主的景观形式，"幽""逸""静""新"是其意境上的四大特点。

（1）禅境景观中的"幽"境

"幽微"一词在表述玄奥精微的佛学大义时常常被提起。在一些语境中，甚至成为佛法境界的代名词。早在南梁时代，高僧慧皎的《高僧传》中就出现了对"幽微"禅境的描述。后来"幽"字又转化到了人的身上，出现了"幽人"一词，即深得佛旨妙趣的人。与之相对应的就是"幽居"，重点强调幽静的自然环境是修禅悟道的极佳方式。总的来说，博大精深的佛理本身就是充满微妙玄机的。对一般人来讲，要想真正了解佛理，需要经过一个曲折、迷离、回旋的过程，而此过程本身又是充满微妙幽趣的，在一番曲回周折之后，"山重水复疑无路，柳暗花明又一村"，才能有顿悟之后的豁然开朗。

在佛教园林的设计中，曲折、阻隔、因借等手法是获得幽境的重要手段，即所谓的"曲径通幽处，禅房花木深"，特别是在唐宋之后以禅宗思想为主导的佛教园林相对成熟，在一些佛寺庭院和面积较小的园林中，要想写意出无限的意境来，就必须以曲折迂回、萦绕相顾为基本的设计原则。

一般寺院方丈的住所都偏于寺庙一隅，比较隐蔽。文人雅士们若要拜访方丈，就必须在寺庙中左拐右拐，于曲折来回中找到目的地，最终探究到佛理的真谛，这种曲折幽深的游走路线也恰恰是佛学的修习过程。"此路"与"彼路"如出一辙，相互照应。现实的游览路线暗示了佛法的真谛，因而"幽"也成了禅境景观设计中一个很重要的追求目标。

（2）禅境景观中的"逸"境

在我国的传统法文化中，借卷舒自由、飘行无碍的"云"表达"闲逸"之境是文人墨客们欣然乐为的事。"行看流水坐看云"是对这种安逸状态的很好的表述。文人们对"逸"的痴狂追求，并非要从抽象的角度领悟一种形而上的终极真理，而是认为潇洒纵逸的生活情趣本身就是"道"的所在，也是佛门中经常提到的"看破，放下"、修行圆满之后的最真实的生活状态。

文人墨客选择"闲逸"作为自身生活态度，其目的是想从世俗的烦恼中脱离出来，获得精神上的终极安顿。人们在佛寺园林中游赏也是为了暂时脱离世俗凡务，

幽

逸

的直接原因便是由"静"开始。称赞云门禅师的有名偈语"大智修行始是禅，禅门宜默不宜喧。万般巧说争如实，输却禅门总不言"，便高度赞赏了这种"静"的状态。此外，日本也有一个关于从青蛙跳水声中取得禅悟的故事。故事中说，在一片寂静之中，突然有一只青蛙跃入水池，清越的声响打破了宁静，它显示和证实了世界与生命本体合一的存在。这种永恒的本体似乎就存在于"静"的物境之中，很显然，这种证悟就是由"静"而引起的。

中国佛寺中的建筑和园林所营造出来的"静"氛围同样拥有这样的功效，使人们深入其中感受到无尽的清凉和惬意，世俗中的烦恼在此得以解脱，烦躁的心在此回归宁静。这种"静"的营造，主要是在一些尺度较小、有着大量树木围合的园林中，通过简单雅致的元素构造出来的。

让精神得到一时的缓解，所以禅境景观中对"逸"境的营造也是很重视的。在同一个佛教园林中，造园的手法和意境都比较统一，很少有反差过大的对比，在疏密关系的节奏上也比较平稳，波澜不惊。同时，一般的佛寺园林周围也都有许多亭廊围绕，休闲的地方很多，人们在此边休憩闲坐边欣赏美景，梵音袅绕、檀香弥漫，休闲安逸的感觉油然而生。

（3）禅境景观中的"静"境

首先"静"是文人们抗议纷乱俗世的一种主要方式，同时也是佛教信徒修行的初始。"戒生定，定生慧"，智慧和开悟

静

新

代开始，设计风格历经多层次的演变和发展，现代设计手法也区别于传统的设计，材料更是层出不穷。禅境景观作为现代社会的产物，它需要将这些新的手法和材料纳入其中，但其始终不变的是它所承袭的传统佛教园林中幽玄空灵、雅致温馨的精神意境。这种新的现代形式和传统意境的结合是禅境景观最"新"的设计特点。

3. 禅境景观植根于东方传统园林体系

（1）禅境景观追求空间意境和人生境界的合一

中国传统文化的终极目标是"天人合一"。天是自然，人是自然的一部分，天与人不应该是一种主体与客体之间的对立关系。将"天人合一"这个概念运用到空间设计上，便是空间意境和人生境界的合一。禅境景观自始至终一直追求着这个目标，无论是在材料、尺度、立意等方面都旨在让普通的"人"感到亲近，无距离感。禅境景观从东方文化和哲学中走来，高度关注人的本心，欲委婉地将人、将人心安置在"天人合一"的主体与客体互济共生的状态中。

（2）禅境景观旨在营造抚慰人类心灵的、让人有精神皈依感的空间意境

从"禅境景观"这4个字中我们就可以看出，禅境景观将"境"摆在了重要的位置。这里的"境"是禅境，说得广一点，便是一种抚慰人心灵的、能让人产生出一种精神归属感的空间意境。在禅境景观的设计中，除了基本的功能满足外，最

（4）禅境景观中的"新"境

一个事物诞生的重要动因是由于它不仅能够继承前者，而且能够超越前者开拓出"新"事物，具有自己独特的性格特点。如若"新"事物失去了新意，那么这个事物诞生的意义也就丧失了。佛理教导人们"以不变应万变"，这不变的是自己的真如本心，而万变的是纷繁复杂的客观世界，唯有守住自己的本心，才能看清"新"的发生，在纷繁复杂中见到平衡与安宁。一种景园形式的发展与之也有着异曲同工之妙。

禅境景观区别于传统园林最大的不同就是它形式上的现代化。从20世纪20年

主要的便是营造意境了。由于当代国内具有意境性的空间设计作品较少，人们很难找到一个精神和灵魂休憩的场所，所以禅境景观便由此应运而生。从某种意义来说，"禅境景观"中的"禅"字只是一个噱头，是我们根本就无法用具象的景观形式来表现透彻的。因为"禅"本身就是一个可悟而不可说的东西，而景观作为一种事物相对于"禅"而言也只是一种凭借。我们本质上关注的是空间对人精神世界的调理作用，但现在也唯有一个"禅"字才能将这样的情怀和设计初衷得以表达了。

（二）东方审美下的日本佛教园林

1. 日本传统景园是天然的禅境景园

日本传统景园的风格是素朴幽玄、淡雅精致，普遍有着浓烈的宗教气息，但极具东方意韵，是东方人审美的一种综合体现。这种情况的形成有着多方面的原因：

其一，日本作为一个典型的岛国，其四面环海、面积狭小、山屿众多且植被丰富，但同时又是地震和台风等自然灾害频发的国家。所以自上古时期，日本先民对大自然就有着强烈的恐惧感，由恐惧而诞生出了崇拜，由崇拜而生成了信仰。另外日本人崇尚多神，如蛇、猫、狼、熊等普通的动物都是他们崇拜的对象。日本的古神话中，也有日神、月神、山神、草神、树神等众多的神灵，甚至一块形色奇特的石头或者古老高大的树木，他们都当作神灵来祭祀和供奉。作为日本本土宗教的"神道教"即属于泛灵多神信仰，视自然界的各种动植物为神祇，再加上后来从国外传入的佛教，使得日本人从古到今都一直生活在强烈的信仰和宗教氛围之中，因此，这种信仰的情怀也很自然地渗透到了他们的造园活动当中。

其二，从日本人的民族审美观上分析，由于日本民族形成、发展的历史条件和自身存在的地理条件等诸多方面的共同作用，形成了日本人独特的审美理念。"春之樱花，秋之红枫"，樱花短暂的花期让人感受到了世事的无常，而秋时的满山红叶更让人领悟到了生命在行将结束时的另一种绚烂之美，因而日本人崇尚"物衰之美"。日本茶道也将"和、敬、清、寂"作为其根本理念，加上泛神论和禅的意识早已深深渗入到了日本人的美学思想中，人们喜欢自然崇拜、喜欢素雅之美，所以形成了日本民族最高的审美境界——闲寂。日本人也喜欢一种"微妙的美学意识"，他们喜欢构筑一些具有极强情趣的东西，使得园林整体更加丰润。所以日本的传统园林往往小巧而精致，多以素色为主，其氛围空灵而幽玄，无时无处表达着一种对自然和神灵的崇拜。

最后再从日本人的民族性格方面分析。日本人的性格呈复杂的两极化特征，有着火与冰的双重特性，一方面极端自尊排外，另一方面又特别崇拜强者。他们有时特别自大，有时又特别自卑，由于日本人民族性格中的极端性，所以他们对自己所认定的东西往往有着持之以恒的坚持精神。也正因如此，他们才能将自己传统的民族文化和信仰从古到今一直传承下来，将自己独特的、具有一定宗教情怀的传统设计风格保留和延续至今，而不为外来文化所干扰和冲垮。

由以上诸多方面的原因我们可以看到，日本人天生就需要和自然神祇做持久的抗衡，日本的传统园林设计也将这种情怀表现出来，但更重要的是日本园林始终作为普通民众的精神皈依之所。

2. 佛教景园的典型代表——枯山水和茶庭

枯山水和茶庭是日本传统园林体系中很重要的两种园林形式，同时也是日本最具自己特色、可以明显区别于其他园林形式，在佛教园林体系中独树一帜。而这两种园林形式都是由那些所谓的"石立僧"开创的。

枯山水的本质意思即干枯的庭院山水景观，它的最大特点是用山石和白砂作为造园的主体，用以象征自然界的各种景观。用白砂象征湖泊、海洋，甚至云雾，石头则用来象征大山、岛屿、瀑布等。枯山水也被誉为"无挂轴的山水画"，最早在日本平安时代的造园名书《做庭记》中有所

记载，另外枯山水又称假山水（镰仓时代又称乾山水或乾泉水）。真正的枯山水是由日本室町时期的著名禅师（被尊称为国师）、造园大师梦窗疏石开创的，他提取了景观整体中局部的"残山剩水"，以极简、纯粹、抽象和残缺美作为枯山水的主要特点来迎合禅宗和当时社会的审美及心理需求。被誉为室町时期枯山水园林双璧的是日本京都的龙安寺石庭和大德寺中的大仙院枯山水庭园。其中龙安寺的枯山水最为著名，它由义天禅师和相阿弥于1450年合作设计建造，建造围墙的土曾用菜籽油加工，随着时光流逝，油渐渐渗透出来，

枯山水——龙安寺

茶庭

形成独特的色彩。它占地呈矩形，面积仅330平方米，庭园地形平坦，由15尊大小不一之石及大片灰色细卵石铺地所构成。另外还有由古岳禅师在16世纪设计的大德寺大仙院的方丈东北庭，通过巧妙地运用尺度和透视感，用岩石和沙砾营造出一条"河道"。这里的主石，或直立如屏风，或交错如门扇，或层叠如台阶，其理石技艺精湛，当观者于远处眺望时，即可感觉到"水"在高耸的峭壁间流淌，在低浅的桥下奔流。

日本传统园林体系的第二大形式是茶庭，它是由禅僧村田珠光开创的。茶庭即茶室的庭院，它一般是指从庭院大门进入茶室的一段空间。在一定的路线上布置景观，以自然形的步石象征崎岖的山林小径，以矮松和其他小乔木象征茂盛的森林，以蹲踞式的洗手钵代表天然的泉水，以沧桑厚重的石灯笼来营造清幽、寂灭的茶道氛围。整个茶庭都有很强的佛教意境，在形式上主要具有以下几个特点：

①茶庭的主体建筑不求大，但求幽而全，以环境之幽、器物之全为美。完整的茶室包括茶厅、凹室、壁橱、洗茶具处、厨房等。

②茶室的"蹒口"即入户门通常都比较矮小，目的是让所有的客人都很平等地低头弯腰进入，以示对主人的尊重。

③在大的庭院氛围上，主要通过朴素化、小巧精致化和枯寂化这三方面的意境来体现，这种氛围的最高境界就是"侘和寂"，人们想以此来进行人格上的升华和人生境界上的提升。

3. 石立僧是日本佛教景园的造园主体

"石立僧"这一名词一开始出现在古代的日本。"石立"泛指一切造园活动，"石立僧"就是让石头站立起来、摆弄石头的和尚，可引申为置石造园的和尚，所以"石立僧"就是指擅长或专门从事造园的僧人。石立僧早在平安时代后期就已经出现，日本传统造园名著《做庭记》中所提到的僧莲仲，还有《山水并野形图》中提及的增圆、僧正、林贤、静意等都是"石立僧"。在日本众多的石立僧中，梦窗国师和千休利的成就最大。进入镰仓时代中期，石立僧的数量急剧增加，尤其是京都的仁和寺，自静意后更是人才辈出，石立僧成为当时社会中最具特色的造园群体。室町时代前后，梦窗疏石、任庵主、藏光等著名的造园大师出现，使得石立僧的活动更加活跃，作品遍布京都大大小小的寺庙。平安时代的"心"字形池岛、镰仓时代的枯山水、室町时代的露地园等，都是这些对佛理和园艺双精的石立僧开创的。石立僧的活跃时期从室町时代一直持续到江户初期。

佛教景园初始的产生动因主要是让园林来美化寺庙环境和传播教义，所以佛教园林的营造与设计不但要包含世俗的美学元素，还要蕴藏一定的佛教思想与教义。而同时具备这两方面素养的只有那些高素质的佛教僧侣们了，他们既有高水准的文化素养，又通达佛理，美化寺庙环境的造园工作便顺理成章地由他们所承担。石立僧也是日本造园技艺的主要传承者。在日本古代，造园技艺被认为是一门很高深的学问，一般不会轻易向外人透露。许多造园书在记述到一些关键的造园技艺时，常以"有口相传"或"是密事也，口传"而一笔带过，其目的都是防止造园"密事"的泄露，故作为"密事"的造园技艺，就只能在同宗门的僧侣间传承了。在平安后期出现的石立僧，其造园技艺都是以他们所在的寺庙为中心而学习传承的，如《山水并野形图》就是以仁和寺为中心而传承的，其中一些造园的关键技艺则是通过该寺的僧侣们以口授相承而流传下来的。

在当代日本，最著名的石立僧便是枡野俊明了，他于1985年继承父业成为一名禅僧，同时也在他父亲手下做一名助理法师。现在的枡野俊明横跨宗教和世俗两界，既是建功寺的禅僧，同时也是日本造园设计事务所的总设计师、多摩美术大学环境学科教授、英属哥伦比亚大学客座教授。他的主要作品有：清山绿水园、今治国际饭店中庭"瀑松庭"、加拿大驻日使馆庭园、香川地方图书馆的"清风送爽"园、国家金属研究院的科学技术所广场等。枡野俊明的作品很好地继承和展现了日本传统造园艺术的精髓，准确地把握住日本传统庭园的文脉，并很好地融入了佛教思想，使他的作品总是有一股强烈的"精神场"在里面。他将景观创作视为自己内心世界的一种表达和修炼，将"内心的精神"作用于园林形式表现出来，因此他的作品被誉为是"具有鲜明人生哲学"的设计。

4. 成熟的日本佛教景园在营造法式上给了禅境景观以重要启示

日本景观设计的发展历程既现代又传统，不但吸收了西方现代主义设计的精髓，同时也很好地延续了自身的民族传统文化和信仰。他们运用新技术、新方法，实现了单纯抄袭西方模式的超越，形成了地域风格鲜明的发展模式，特别是宗教园林方面的成就，在世界上都是独具特色的。他们的设计做得如此出色，那又能给我们禅境景观的营建以怎样的启示呢？这需要从多方面进行总结。

其一，景园设计的形式是随着社会发展不断变化的，但其核心的空间意境必须始终确定和统一。对于传统的东西，不能完全抛弃，更不能照搬模仿，那么在当代社会大环境产生巨大变化的前提下，到底怎样继承本民族的传统设计才是正确的呢？这一方面日本就做得比较好。他们改变和提炼了本民族传统园林中的部分符号和元素，变成了更加契合时代的现代元素。但不管其符号元素等外在的形式怎么变化，他们始终坚持和保留住了传统园林的气质和意境。比如当我们一眼看到不同的日本设计师的作品时，我们的意识中都能闪现出"和式风格"这样的字眼，而看到我们国内一些设计师的作品时，便茫然不知所云了。很显然，我们的设计缺少气质和灵魂。对于日本人对传统精髓的理解和对传统意境的坚持我们应该给予肯定，所以当我们进行创作时，特别是在创作"禅境景观"等这种意境性很强的设计时，就很有必要向日本的设计同行学习，即无论

形式怎么变化都不能失掉本民族传统设计的气质和意境。

其二，现代的景观形式完全可以表达传统的佛教景园意境。日本传统园林植根于中国，佛教的传播更是让日本传统园林带上了浓厚的佛教色彩。而今的日本现代景观设计受其影响，依然有着强烈的素雅、自然、整洁和秩序感，安藤忠雄的水御堂设计案例就很能说明这一点。日本的这种源自我国传统文化的景园形式成功向现代模式转变的现象，证明了我们今天同样也可以用现代的景观形式来表达我们传统的佛教景园意境。

其三，只有产生出了一定空间氛围或意境的景园设计才能打动人心。梁思成先生、林徽因女士在《平郊建筑杂录》一文中首先提出了"建筑意"的用语。他们说，面对着古建筑遗物，人们所感受的"这些美的存在，在建筑审美者的眼里，都能引起特异的感觉，在'诗意'和'画意'之外，还使他感到一种'建筑意'的愉悦"。这里的"建筑意"即所谓的"空间意境"，也就是有些人提到的"空间场"。"空间意境"的概念提醒人们，空间并不仅仅是砖、瓦、沙石等工程材料的单纯堆砌。我们人造的空间不应该只是一种物质产品，也应该具有精神产品的特质，就如同诗、画、音乐等艺术形式一样，我们可以通过设计让这些工程材料诞生出生命力，表达出一定的思想情感。纵观日本的设计，不管是其传统的还是现代的，其雅致的外表

惊鸟器

和朴素的形式都能给人一种温馨娴静的感受，这种感受直入人心，让我们觉得身心都可以在这样的空间里暂时休憩，或者得以终老。这种空间意境也是"禅境景观"所关注和追求的。

其四，细节的精致和情趣化是提升和丰满整体景园设计的一个重要因素。日本园林设计的小巧精致是大家熟知的，而其另外一个特点——"情趣化"则是大家较少提及的。比如日本典型"枯山水"中的石头摆布和白砂的纹理在设计上就极具情趣，这里有三尊组石、追逃组石、蓬莱山组石、龟鹤组石等各具寓意的石头组合，其白砂纹理有水涡纹、波浪纹、直形纹等。在石灯笼的配置上，有六角形的、四角形的、丸形的、柚形的，还有塔形的。另外，洗手钵和惊鸟器这两个日本传统园林中的小品无论从形式到使用功能都具有很强的情趣感。这些散布在日本园林中的情趣节点，让大家觉得惊奇并充满乐趣。只有一个具有情趣的空间才不会让人产生呆板无趣的感受，才能吸引大家，让人和空间产生更加紧密的联系和互动。所以我们在空间设计活动中，无论是规划阶段还是细部设计阶段，都应该考虑到"情趣化"这一因素，避免直白和单调，这一点也是禅境景观设计应注意和坚持的。

其五，佛教景园及其美学意境可以扩展和应用到普通公共空间之中。关于这一点，从枡野俊明的设计实践中我们可以看出，他的诸多设计并非都是以佛寺内部的场地空间为对象，而是服务于一些（如会馆、文化中心、图书馆、博物馆、公寓、科学研究院等）公共空间，并最终赋予这些公共空间一种静谧、素雅、自然的禅境意蕴，给人们提供一种可以用于自我反省、沉思和思考的环境。枡野俊明的景观实践行为向我们证明了佛教景观也具有一定扩展性和普遍性，同时佛教景观和普通公共空间的结合也为佛教景观的发展传播开辟了一条新的道路，让其有了更多的社会意义。

"禅"的思想是圆润、融通、精妙和博采众长的，所以要将"禅境景观"做好，也必须虚心学习和借鉴世界上所有优秀的设计文化和技艺。

洗手钵

第二章　禅境景观的营造

（一）禅境景观的主题多来自佛教经典和禅宗公案或偈语

1. 禅境景观是佛国胜境的形象化

在很多佛教典籍中，都有着对佛国世界的美好描述，如《佛说无量寿经》中所描绘的"所居舍宅宫殿楼阁，称其形色高下大小……皆以金缕真珠百千杂宝奇妙珍奇，庄严绞饰周匝四面"；还有《佛说阿弥陀经》里莲花的形象"池中莲华，大如车轮，青色青光，黄色黄光，赤色赤光，白色白光，微妙香洁。舍利弗！极乐国土成就如是功德庄严"。那么禅境景观便是这些美好景象在现实世界中的表现，它旨在有限的空间内完成一个佛国净土的幻影，为人们的心灵提供一处有形的栖息之所。佛教典籍数量众多，内容庞大，无形的理论讲述和有形的空间描写都有很多，不单是禅境景观，甚至许多具体的空间造型都来自于此。但需要表述清楚的是，禅境景观对佛教典籍的形象化不是简单的直白表现，而是高度的抽象、概括或者变异。

2. 禅境景观隐喻不同种类的人生意境

禅作为一种对人生境界的诠释，不仅表现为对生命的终极了悟，还包含诸多不同的体验境界。如"春有百花秋有月，夏有凉风冬有雪，若无闲事挂心头，便是人间好时节"的平和，或"千江有水千江月，万里无云万里天"的洒脱，再或者"人生无常，是生灭发，生灭灭已，寂灭为乐"的顿悟解脱，还有"身是菩提树，心如明镜台"的明心见性等，都是不同的人生情怀，而这些种不同的情怀便造就了禅境景观在表现主题和空间意境上的多样性。

(二)禅境景观中的主要造景元素

1. 石灯笼

石灯笼的最早原型是中国传统的宫灯，有夜灯炉、灯吕、灯明、石灯、灯龛、石灯楼等别名。根据材料的不同，可分为石灯笼、木灯笼和金属灯笼等。后来佛教在两汉之际传入中国，石灯笼被用为佛前的供灯。山西太原龙子寺遗址中的摩崖佛前有一尊唐朝以前的高大灯笼，据说是中国最早的石灯笼。一般认为，日本开始运用石灯笼是在奈良时期，即公元711年至公元794年，中国佛教经过朝鲜而传入日本。日本佛教开始也仅将其作为佛前供灯或室内照明。到了平安时代（公元794年至公元1192年），石灯笼作为净土园林的要素之一才被置于庭园之中，室町时代引入茶庭，后来又被借用到了神社和其他园林形式当中，最终成为日本园林中一个极具代表性的添景物。现我国国内的石灯笼多为青石或白色花岗岩雕刻而成，造型简洁大气，一般以对置的方式竖立于大殿前的左右两侧，而像日本园林中那样自由灵活，孤置、点置的情况很少出现。由于石灯笼综合的历史和文化意蕴，在禅境景观中也推荐将其作为画龙点睛之物慎重运用。

石灯笼

2. 石幡

　　石幡是自唐玄宗以后随着密宗的发展而在我国佛寺中开始出现的一种供具。石幡一般都由灰色石材或青石雕刻而成，集造像、纹饰、经文、咒语等元素于一体。唐代的经幡一般都成柱体，有底座和柱头，经文和咒语一般都刻于柱身之上。经幡也被人们称为"石柱"或八棱碑，在唐代的许多文字记录中还有"宝幡"和"花幡"的称呼。在今天的大慈恩寺法堂藏经楼前保存着一个经幡，此经幡总高1.38米，莲花形的幡顶直径为0.68米，石幡高0.95米，幡身还刻有经句。

经幡

3. 佛像

　　佛教中的佛菩萨数目众多，每尊佛像都有其自身的特定形象。除了普通佛寺大殿里供奉佛像之外，一些佛像也被安放在室外的佛寺园林中，以方便人们瞻仰和点缀环境。室内佛像一般采用泥塑，室外则采用石头雕刻。运用佛像来点缀佛教园林，最为直白和具有代表性，可以很容易地让人明白其所在空间的性质。禅境景观在个别情况下也将佛像以直白的手法置于园林环境当中，来达到预期的设计目的，但佛像的运用应慎之又慎，且必须用得少、用得巧。我国许多寺院喜欢将弥勒佛和观世

佛像

音菩萨的雕像置放在室外的院落中，以起到美化环境和供游人朝拜的作用，而许多旅游景点则喜欢制造尺度巨大的金属佛像来吸引游客和发展经济。比如开凿于唐代开元元年的乐山大佛就借山势而成，与周围山体环境融为一体，更像是一个带有宗教性质的"大地景观"了。

三尊石

4. 艺术石

在传统园林中，石头是一个很重要的景观元素。大部分的石头被用来单纯点缀和美化环境，取其形体而没有什么特殊的意义，而另外一部分石头则被用来象征和比喻，代表不同的佛教人物。日本这一方面的运用最为典型。在日本传统园林中，有许多抽象的佛像。如典型的"三尊石"，即中间一块大石头，左右两边各置一块较小的石头。关于三尊石的含义，有许多种说法。一种说法是中间的石头代表佛祖，左右两边的小石头则代表了佛祖的两个弟子——迦叶和阿难；另一种说法是中间的石头代表正在讲经说法的老师傅，左右两边的小石头代表正在听经的两个小徒弟；还有一种说法是这三块石头代表了佛教三尊，用来比喻一佛二菩萨，中间大石头叫中尊石，左右两边的小石头则为侧尊石。在我国的传统园林中，很少有将石头隐喻成神佛的例子。

我国的文人墨客自古有赏石的习惯。在苏东坡的赏石名篇《怪石供》中，首次提出了"以石为供"的概念，由此便有了"供石""石供"之称。这种供石一般被安置在专门的坐架或瓷盘上，再陈列于案几供人观赏，其虽为室内赏石，但在文人墨客的眼中，品鉴标准和趣味与室外赏石所差无几。这里需要提及一个重点，在室内供石中，有一种类似和尚的所谓"和尚石"。这种石头，由两个大小不一的精致石头组成，小石头顶在大石头的上面，由于这种石头的表面都是光亮圆滑的，所以上面的小石头就像人的光头，下面的大石头就像人的身子，整体形象就如一个光头的和尚。目前这种"和尚石"还没有用于室外景园当中，因此在禅境景观的设计中，我们推荐使用这样的"和尚石"用于室外造景。

供石

5. 动物元素

（1）龙

在佛经中，龙是经常出现的动物，在佛教中被称为"那迦"，在佛经中有五龙王、七龙王、八龙王等名称。龙在佛教里是护法神，佛教的八类护法神，即天众、龙众、夜叉、乾闼婆、阿修罗、迦楼罗、紧那罗、摩睺罗伽。古印度人对龙也很尊敬，认为水中主物以龙的力气最大，因此他们将德行高尚的人尊称为"龙象"，"如西来龙"即是指从西方来的高僧。佛教中龙一般居住在水中，能呼云兴雨。龙的领袖为龙王，具有很大的威力，常作为佛教的护法神出现。《华严经》中关于龙王的典故很多，"龙王降雨，不从身出，不从心出，无有积集，而非不见。但以龙王心念力故，需然洪霔，周遍天下，如是境界不思议"。这里需要说明，佛教中的龙并不像中国传统文化中的龙那样具有至高无上的权利，它只不过是普通的护法神而已。龙经常是金翅鸟的猎物。在佛典中，龙的三患之一便是金翅鸟，传说金翅鸟每天以龙为食，一天需要吃1条大龙和500条小龙，这说明龙的地位远在金翅鸟之下。妙见菩萨的坐骑即为一条龙，佛陀也曾经在一次转世之中为龙身，因此龙的元素在佛教艺术中出现得特别多，在各种壁画、雕塑、文字中常见。

龙

（2）象

在佛教中，象常常充当道德高尚、智慧贤明的佛陀、菩萨们的随身坐骑。例如普贤菩萨就以象作为坐骑。泰国名曰"万象之国"，而佛教为他们的国教，大象则是他们的图腾。由此可见，象在佛教中有着无比神圣的地位。佛教中常以象王来比喻佛举止的大气稳重，佛经中还有菩萨如象王的比喻。象具有忍辱负重、坚韧不拔的性格，因此佛寺中有很多象的雕塑，以此来彰显一种修行者难行能行、难忍能忍的深切愿心。

佛教经典中描写的象多是白象，白象给人感觉多了一些纯洁的气质和素雅的美感。这些象或大或小、或坐或卧地出现在佛寺的院落中，形象生动而充满寓意。所以，象也是我们禅境景观应该重点借鉴的一种动物形式。

象

（3）孔雀

孔雀在佛教神话中是由凤凰而生，开始时性情较恶，能将人一口吸之。孔雀还能吃掉一切毒虫，所以佛教中常用它来比喻佛陀能化解众生一切的五毒烦恼。在佛教装饰中，孔雀尾代表熄灾，据《孔雀明

孔雀

王经》中记载，佛陀在世时，有一位弟子被毒蛇所咬，快要危及生命的时候，阿难请求佛陀的帮助，于是佛陀教他诵读能够去除毒害、恶疾的陀罗尼，这就是后来著名的《孔雀明王咒》。

（4）鱼

《西游记》有观音收服通天河鱼精的情节。观音说，"这是我养在莲花池里的一条金鱼，因它每日浮头听经，得了道行，将一枝未开的莲花运练成一柄九瓣铜锤，成了它的武器，乘大海涨大潮之机，逃出莲池来到通天河兴妖作怪。我本不知此事，今朝起来在池边扶栏看花，不见金鱼前来参拜，掐指一算才知闯了祸，故而连梳洗也来不及，就去削篾打篮，等着你一起来降妖。"通天河百姓都赶来瞻仰观音的风采，有人把观音的形象画了下来留传后世，就成了后来的"鱼篮观音"。相传观音菩萨脚下所踩的鳌鱼是世界上最凶猛的鱼，也只有观音能够降服它。

佛教僧众中还流传着这样一个传说，早在汉朝的时候，皇帝派慈光大师和两个僧徒去西天取经，在历尽千辛万苦而取得真经的归途中，乘船渡海之时，突然风浪大作，一条恶鱼张着大口朝船上扑来，船头上的经

鱼

龟

书被大鱼一口吞掉，几个僧人跃身入海与大鱼搏斗，杀了大鱼并将它拖上船头，此时风平浪静，阳光灿烂，大鱼身躯化为污水流入大海，只剩下鱼头摆在船头上。慈光师徒带着大鱼头返回佛寺，为了讨还经卷，每天敲打大鱼头口念"阿弥陀佛"。日复一日，大鱼头被敲得粉碎，后来只好照着大鱼头的模样做了个木头的，天天敲打。就这样，敲木鱼诵经成了佛家的习惯。

冠有鱼字的佛教器物名称有"鱼鼓"，又称"木鱼"，共有两种：长形的一种悬于寺院斋堂之前，早上和中午吃饭的时候敲击它，这种称之为"梆"；圆形的一种刻有鱼鳞，念经时敲击它，以调音节。另外在佛教文化和我国传统文化相融合的过程中，鱼也被演化成为"智慧"的象征，它的沉默不语、昼夜张目和佛教中的自我精进模式相契合。

（5）龟

在《法句譬喻经》中，以"龟六藏"来比喻人应守住自己的六根，就如同龟应守住自己的头、尾巴和四足一样，佛教以此来教导大家要收摄自己的眼、耳、鼻、舌、身、意等六根，而不为外界六尘所危害。在佛教中还有一个关于龟的经典公案，即"盲龟浮木"，佛教常用这个公案教育大家得到人身的难得。话说在幽暗的大海深处，住着一只瞎眼乌龟，看不见一丝的光明，它在漆黑的深海里每隔100年才有机会浮出海面一次。大海中飘着一根浮木，浮木的中间有一个如乌龟颈项般大小的孔洞。长久以来，浮木就随着海浪飘荡起伏。这只盲龟需要在茫茫的大海中凭借感觉追逐浮木的方向。所以每当100年才浮出一次水面的盲龟头从浮木中的小洞顶出时，它才能重见光明，获得人身。大家可以想象这种概率是多么之小！我们获得人身的概率就如同"盲龟浮木"一样，因此我们必须要珍惜自己，不断努力拼搏，朝着正确的方向前行。

佛经中常以金龟来比喻佛性，就像龟能畅游于大海也能生活在陆地上一样，所以佛经中经常用金龟来比喻经历了生死而获得圆满涅槃的佛性。

（6）其他动物

除了以上所述的动物外，还有牛、雁、鹿、法螺、猴子、鸳、鹤、鸡、鹅、虎、蛇、猫、猪等都和佛教产生过关联。这些动物的故事往往都实践了"菩萨行"，对人产生一定的教育作用。佛教视众生平等，认为动物和人都是有情者，同在六道中轮回生死，人造恶业来世很可能变为畜生，畜生恶业受尽来世也有可能成为人。因此，在佛教中人与畜生的差别不只是形体上的差异，这也就是佛教中"众生平等"的观念。

普通的动物虽然受业力的作用，以不同的种类示现，但它们都有着自己独立的生命和意识，和人一样，它们也可以通过自己的努力而征得无上的菩提智慧。佛经中常以动物来比喻人的心性，以佛教人物和普通动物间的故事来形成生动的案例，以此来解释佛理，教育大家。

这些佛教动物的素材是我们禅境景观设计过程中一个很好的天然素材。作为设计者，应该熟知和了解这些和佛教有关的动物，在适当的时机中加以运用，既能让设计有理有据，还能使设计生动而富有情趣。

6. 常用植物

植物也是佛教僧尼们悟道修行的媒介，它通过人们对园林植物在视觉、听觉、嗅觉等多维感观上的体验来达到转化教义、教化众生的效果。不管是"青青翠竹，总是法身，郁郁黄花，无非般若"，或是"一花一世界，一草一天堂，一叶一如来，一树一菩提"，这些都是高深的佛理在普通植物上的文化表现，所以佛教文化中的柔善、平和、智慧、包容等高尚境界都可以通过平凡的花草树木传递给人们，使人与园林景观、与自然天地融为一体，达到景园设计的至高境界。

（1）莲花

我们在佛寺中游览时，经常会看到一尊尊佛像庄严地端坐在莲花形的宝座之上。莲花形的图案在佛教中也经常可见，那么莲花与佛教到底有着怎样的渊源呢？莲花在炎热多雨的印度各地都有分布，是古印度人的自然崇拜物。释迦牟尼创立佛教时，即依据印度当时的文化习俗，把莲花放在了很高的地位。传说在佛国净土中的每一朵莲花，都是由念佛之人的心念生成的，而这朵莲花也是念佛之人在临终转世时的一个重要证物。据佛典记载，释迦

莲花

佛于2000多年前出生时，大地为之震动，天女为之散花，释迦佛向十方各行七步，每走一步，脚下便会生出一朵莲花。另外在佛教中佛国被称为莲界，佛寺称被为莲宇。

（2）菩提树

菩提树的梵语原名为"毕钵罗树"（Pippala），传说佛教的创始人释迦牟尼在菩提树下静坐了49天，战胜了各种邪恶诱惑而悟得"三明"与"四谛"，证得了"无上正等正觉"，在天将拂晓时获得大彻大悟，终成佛陀。所以佛教便视菩提树为圣树，毕钵罗树也才得名为菩提树，"菩提"意为"觉悟"，在佛教中也经常用菩提的字眼来直接代表智慧。传说佛陀证悟厚，常常外出说法，来拜访世尊的信众们都很扫兴，后来阿难把这种情况反映给了佛陀，于是佛陀对阿难说："世间有三种器物应受礼拜，佛骨舍利、佛像，还有菩提树。礼拜菩提树，这和礼拜如来的功德一样大，因为它帮助我证得了佛果。"著名的禅宗六祖慧能写有"菩提本无树，明镜亦非台，本来无一物，何处惹尘埃"的偈语。另外，菩提树是印度的国树。

（3）娑罗树

佛典记载，公元前485年2月15日，释迦佛来到希拉尼耶底河沐浴，然后上岸走到娑罗双树林中，在两株较大的娑罗双树中间铺了草和树叶，并将僧伽铺在上面，头向北，面向西，头枕右手，右侧卧在僧伽上，然后对弟子们说："我老了，马上就要死了，我死之后你们不要因为失去导师而自暴自弃，而要大力弘扬佛法，拯救世人。"说完，他就在娑罗树间圆寂。此后，娑罗树便成了人们对佛陀表达哀思和敬意的圣树。

（4）其他植物

柳树枝往往会使我们联想起观音的形象，观音菩萨一袭白衣，左手托宝瓶，右手执柳条，将解救百病疾苦的甘露滴洒向人间。柳树中的柳酸具有镇痛的作用，所以柳树解除病人痛苦的神奇功效使不明药理的先人深信这是一种不平凡的植物，其减轻病痛的药效正与观世音菩萨慈悲为怀、普济众生的形象吻合，自然成为菩萨手中的宝物。据佛典记载，观音菩萨原是一位男性，在唐朝时期，观音才由男性形象转变为女性形象，她慈眉善目，端坐莲花台之上，手执杨柳枝，拨动之间，便消除了人间苦疾。而观音手中的杨柳枝，青葱欲滴，柔顺飘逸，也与观音的女性形象相契合。

银杏高大长寿，汁液具有一定的杀虫作用，木质坚硬细腻，不损、不破、不裂，所以佛家喜欢用银杏木雕刻佛像，各地千手佛皆以银杏木雕成，故银杏树有"佛指甲"之称。

传说摩诃摩耶王后——释迦佛的母亲在临产前夕，乘坐大象载的轿子回娘家分娩，途经兰毗尼花园时，身感疲乏，便下轿走到花园中休息。王后走到了一株开满金黄色花的无忧花树下，伸手扶在树干上，

菩提树

此时胎气惊动了，于是王后就在无忧花树下生下了世尊。我国西双版纳的傣族人信奉小乘佛教，差不多每个村寨都有寺庙，寺庙里都要种植无忧花。那些还没有生育而想得子女的人家，也常在房前屋后种上无忧花。无忧花在佛教中也是吉祥的象征。据说，只要坐在无忧花树下，人们就会心生欢喜，忘掉所有的烦恼。

曼陀罗在佛典中译为适意、成意、杂色等名。此花在印度被视为天界的象征。根据《大智度论》记载："天华中妙者，名曼陀罗。"另据传说，在西方极乐世界的佛国，空中时常传出天乐，地上都是黄金装饰的。有一种极芬芳美丽的花称为曼陀罗花，不论昼夜没有间断地从天上落下，满地缤纷。

娑罗树

柳树

无忧花

曼陀罗

银杏

7. 其他建筑小品

　　在我国的佛寺建筑中，回廊、景亭、塔是使用最多的建筑小品。佛寺庭院中的回廊一般都顺着寺院的中轴线排布在庭院的左右两侧，佛寺里的塔多为舍利塔或为纪念佛教的圆寂高僧而修建。这种小品建筑的塔一般体量较小，中间密实而不可攀登，象征性的功效性比较强。亭在佛寺中出现得也比较多，一般都是作为休息观景之用，另有一些亭子是对佛寺内的古文物起保护作用的。

亭

廊

塔

8. 其他景观小品

景墙是普通景观设计中经常出现的小品，它以较强的艺术性区别于普通墙体。景墙造型变化繁多，材料丰富多样。从功能上讲，它一般作为园林中的障景、漏景及背景而进行设置，其材料一般有石材、砖、钢构、玻璃等不同类型。现在我们所说的景墙一般是指现代设计中的艺术墙体，而我国古代建筑中的"照壁"算是一种传统园林中的景墙了。

同样，景灯也是现代设计中的一个重要元素，它是现代景观中不可缺少的部分，不仅自身具有较高的观赏性，还强调灯体本身造型与景区历史文化、周围环境的协调统一。景观灯利用不同的造型、异样的光色与亮度来造景。

现代的景观柱从我国传统大殿建筑的柱体中抽象出来。柱子在我国传统建筑中起非常重要的作用，被广泛用于祠庙、宫殿、民居等各种建筑形式中，其中皇家宫殿和庙祠大殿中的柱子往往最为华丽和庄重。在原始的木构建筑中，使用木头材质的柱子支撑房屋的整个构架，木柱下端的"十"字槽方便空气流入，使木柱下端有一定的防潮功能，后来才出现了防腐、防虫、坚固耐用的石柱。人们根据不同建筑的特点，还在柱子上面雕刻出龙、凤、祥云等各种吉祥装饰纹样，以起到装饰美化和渲染氛围的作用。柱身上采用的雕刻手法一般有阴刻、浅浮雕、高浮雕、透雕等，另有一些是用矿物质颜料画成的彩绘。柱

景墙

雕塑小品

景观柱

石景

子最下端接近地面的部分往往有一个用石材雕刻成的基础，称为柱基，它具有加固柱体、防潮防腐、减少柱体磨损等功能。柱基的位置很容易被人所观察到，所以其造型往往十分考究，常铸有各种精美的纹饰或雕刻。

园林景观中的休闲凳是供游人休息观景的一种设施，同样也集高度的艺术性和功能性于一体。市场上的成品休闲凳款式众多，但只适用于普通的园林环境当中，而高端的休闲凳则需要在风格和文化表达上与整体环境相统一，这就需要专门的设计和加工了。休闲凳一般多为防腐木、石材或金属加工而成，用一种或多种材料结合起来，石材部分一般都有一定的艺术造型或雕刻，金属部分则利用金属的可塑性制成许多金属纹样，而因为防腐木的特殊性，防腐木部分一般没有雕刻。

(三)禅境景观中的材料

每一种构成空间的材料都有着自己的特性，每一种好的材料都会让人的心灵产生悸动。比如青石或者青砖，它们素朴淡雅的外表中所透出的那种雅致自然的气韵令我们动容，当我们的手从它上面掠过时，仿佛是触及了历史和生活的脉搏。身处在这些自然材质的包围中，我们的心仿佛也宁静和平和了许多。好的材料应该是有灵魂和生命的，我们只有先走近这些材料，了解它们，才能更好地运用它们。

1. 青石

青石主要由浅灰色厚层鲕状岩和厚层鲕状岩夹中豹皮灰岩组成，面呈青灰色，所以称青石。它学名为石灰石，是水成岩中分布最广的一种岩石，全国各地都有产出，主要成分为碳酸钙及黏土、氧化硅、氧化镁等。当氧化硅高时，青石硬度就高，

青石板

其容重一般为1000～2600千克/立方米，抗压强度为10～100兆帕。青石相对花岗岩等其他石材来说材质较软，易于劈制成面积不大的薄板，所以中国的古人常将它用在园林中的地面、雕塑、墙体等处。许多民间的小巷和院落也多以青石板铺就，直到现在，人们一旦看到青石，内心总会升腾起一种古朴自然、返璞归真的感受。

2. 青砖

青砖是由黏土烧制而成，黏土本身具有极强的黏性。将黏土用水调和后制成砖坯，放在砖窑中煅烧，在1000℃的高温下便烧制成了砖。因为黏土中含有铁，烧制过程中铁完全氧化生成的三氧化二铁呈红色，这就是我们最常见到的红砖；而如果在烧制的过程中加水冷却，使黏土中的铁不完全氧化而生成青色的低价铁，即青砖。青砖和红砖的硬度虽然差距不大，但青砖在抗氧化、水化、大气侵蚀等方面的性能却明显优于红砖。青砖采用自然原土无氧烧制，以水为灵，以火为刚，五行和人体相合，还具有保持空气湿度、吸水、抗氧化等特点，其中含有的微量硫磺还可起到杀菌的作用。

青砖是中国传统建筑和园林中的主要材料，至今也被大家广泛应用，所以它也起到了一定的传承历史的作用。青砖色泽淡雅、体型规整，总给人以素雅、沉稳、古朴、宁静的美感。在现代设计中，我们还可以用多种不同的组合方式与处理手法，让其焕发出新的生机和艺术神韵。

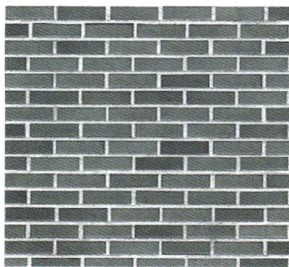

青砖

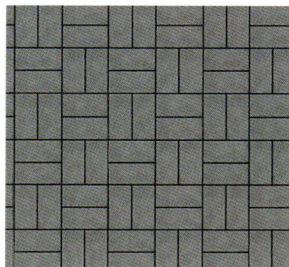

青砖平铺

青砖立铺

3. 青瓦

制作青瓦的技艺比青砖要稍高，难度也较大一些。制作青瓦的泥料比制砖的泥料要更加细软，稍大一点的砂石便会导致瓦片上出现破洞。烧制青瓦的泥料先要堆积成长方体的泥块，工匠用弓形工具将泥块切成泥片，然后围贴在专门的瓦筒上加工成泥瓦，接着经过 2～3 天的晾晒，等到泥瓦无水分后才收起瓦坯，最终形成了一筒四片、每片为 90°的弧形，才放在瓦窑烧制。烧制青瓦的火色特别重要，太大、太老都会导致瓦片变形。烧制过程中在红瓦窑上浇水，一般是 1 万片瓦浇水两天左右，这一系列的工序完成之后青瓦才算烧制成功。

与青砖一样，青瓦也是我国传统建筑和园林中的主要材料，特别平民化和普遍化。它也能用现代的手法组合出更多的形式来，其弧形的形体组合更容易在几何形为主的现代景观设计构成中形成一些独特、另类的景观情趣来。

4. 各种原木

防腐木

原木

木材因取得和加工都比较容易，所以自古以来就是一种主要的建筑材料。建筑中所用的木材主要取自于树木的树干部分，它有着很好的力学性质。工程中的木材通常需要经过自然干燥或人工干燥。自然干燥是将木材堆成垛之后进行自然风干；人工干燥主要是通过简单的烘、烤，以在较短的时间内挤出木材中的水分。在我国古代，木材广泛应用于寺庙、宫殿、佛塔以及民居建筑中。中国现存的古建筑，最著名的有建于公元 857 年的五台山佛光寺东大殿和建于公元 1056 年的山西应县木塔。该塔全名为佛宫寺释迦塔，位于山西省朔州市应县县城内西北角的佛宫寺院内，它是佛宫寺的主体建筑，修建于辽清宁二年（公元 1056 年），到金明昌六年（公元 1195 年）整个修建工作才宣告完毕。该塔是我国现存最高大、最古老的纯木结构楼阁式建筑，是我国古建筑中的瑰宝、世界木结构建筑的典范。

我国地域辽阔，树种繁多，因此各地区常用在工程中的木材、树种各有不同，东北地区主要用红松、落叶松（黄花松）、红皮云杉、鱼鳞云杉、水曲柳等；长江流域主要用杉木、马尾松；西南、西北地区主要用冷杉、云杉、铁杉。木材是大自然的结晶，有着其他人工材料不能比拟的自然之美。我国传统的皇家和寺庙建筑中的木材表面多被彩绘和红油漆所遮盖，只有民居中的木材多以自然的色泽和质感示人。原木自然的纹理、天然的色泽、幽香的气味，无时无刻不让人感受到一种自然的美，人们处在木的包围中，身心安详，仿佛与大自然融为了一体。

5. 白灰墙面

室外墙体的涂料涂装体系一般分为底漆、中涂漆和面漆三层，底漆用来封闭墙面的碱性，提高面漆的附着力，对面漆性能及表面效果影响较大。如果不使用底漆，漆膜附着力会有一定的削弱。中涂漆主要用来提高面漆的附着力和遮盖力，增加丰满度，并相应减少面漆用量。面漆是最外面的一道涂层，一般具有一定的装饰功能，且有抵挡风吹雨淋的作用。

我国传统的南方民宅多喜欢将建筑外墙涂成白色，尤以安徽民居为代表，青色的瓦片和白色的墙体组成了一组组层次分明的水墨画，引来无数人对此地魂牵梦绕，也带出了"一生痴绝处，无梦到徽州"这样的佳句。白色墙体给人一种纯粹感和安宁感，在景园设计的艺术境界中，它就像国画中的留白，用自己的"虚"大方地将其他元素衬托出来。

6. 清水混凝土

清水混凝土

混凝土产生于20世纪20年代，随着混凝土技术广泛地应用于建筑施工领域，建筑师们逐渐把目光从混凝土作为一种结构材料转移到材料本身所拥有的质感和美感上来，开始用混凝土的美学特征来表达自己的设计情感。这里说的清水混凝土不同于普通的混凝土，它属于一次性浇注成型，面层不需再做任何的外装饰，直接采用现浇混凝土的自然表面效果作为饰面，只是在表面涂一层或两层透明的保护剂而已，是一种名副其实的绿色装饰材料。这种清水混凝土的表面平整光滑、棱角分明、色泽均匀，它的外观具有朴实无华和自然沉稳的韵味，其与生俱来的厚重感与清雅感是一些现代建筑材料无法比拟的。它的刚与柔、拙与巧、冷与暖的矛盾对比刺激到了很多设计师的敏感神经，所以许多设计师们都认为，清水混凝土是一种看似朴素简单实则无比高贵和雅致的建筑装饰材料。

当代日本著名建筑设计大师安藤忠雄将清水混凝土的艺术发挥到了极致，他被人们尊称为"清水混凝土的诗人"。安藤使用的清水混凝土的四角都有一个圆形孔，这个圆孔是模板螺栓的残留痕迹。安腾对原本的清水混凝土材料进行了日本的传统工艺处理，并利用现代的外墙修补技术将拆掉模板之后的水泥墙面进行再次处理，使原本厚重、表面粗糙的清水混凝土转化成一种细腻、精致的纹理，传递出一种近乎"母性"的柔美质感。

清水混凝土的艺术质感奇特，有如老僧入定般的纯粹素净，也有如邻家少女般的青涩柔美，有如武士般的刚硬俊朗，也有如书生般的清雅脱俗。正是这种矛盾的结合才令人对它产生了无限的遐想和眷恋。把它应用在禅境景观中，更能表现一种扑朔迷离的情怀，引起人们的思考和冥想。

砖雕

石雕

7. 砖雕、石雕

中国的砖雕由东周的瓦当、空心砖和汉代画像砖发展而来。我国古代砖雕大多用于大门、照壁或墙面的装饰上。砖雕远近均可观赏，在题材上，砖雕以龙凤呈祥、和合二仙、刘海戏金蟾、三阳开泰、郭子仪做寿、麒麟送子、狮子滚绣球、松柏、兰花、竹、山茶花、菊花、荷花、鲤鱼等寓意吉祥和人们喜闻乐见的内容为主。在雕刻技法上，主要有阴刻（刻画轮廓，如同绘画中的勾勒）、压地隐起的浅浮雕、深浮雕、圆雕、镂雕和减地平雕（阴线刻画形象轮廓，并在形象轮廓以外的空地凿低铲平）等。

从人类艺术的起源开始就有了石雕的历史，可以说，迄今人类包罗万象的艺术形式中，没有哪一种能比石雕更古老了。石雕按传统的雕件表面造型方式的不同，可分为浮雕、圆雕、镂雕、透雕等。石雕按石料分有青石雕刻、大理石雕刻、汉白玉雕刻、滑石雕刻、墨晶石雕刻、彩石雕刻和卵石雕刻等。中国传统艺术发展的不同时期，石雕在类型和样式风格上也都有很大变化。不同的需要、不同的审美追求、不同的社会环境和社会制度，都在影响着石雕创作的发展和演变。

不管是石雕还是砖雕，都属于雕刻的范畴，它们都借助特定的材质，运用雕、刻、塑几种手法，创造着具有一定空间可视、可触的艺术形象，借以反映社会生活，表达出人的审美感受和情感世界。它也是室外景园中不可缺少的造景元素。

8. 花岗岩、文化石及其他

花岗岩是一种岩浆在地表以下凝结和冷却而形成的火成岩，它不易风化、颜色美观，外观的色泽可保持百年以上，由于其硬度高、耐磨损，是室外工程中的绝佳之材。由于花岗岩在我国及世界各地分布较广且品种繁多，故从颜色上讲，其色彩纹样的变化也非常多，我国现阶段的建筑装饰及室外工程中经常用到的有芝麻灰、芝麻白、中国黑、樱花红、粉红麻、将军红、蓝钻、英国棕、黄金麻等数种。

文化石本身并不具有特定的文化内涵，但它具有粗粝的质感、自然的形态，表面肌理自然质朴。可以说，文化石是人们回归自然、返璞归真心态的体现，这种心态，我们也可以理解为是一种对生活文化的热爱、对传统文化的追忆。文化石分为人造和天然两种，人造文化石是采用硅钙、石膏等材料精制而成的，它模仿天然石材的外形纹理，具有质地轻、色彩丰富、不霉、不燃、便于安装等特点。天然文化石开采于自然界的石材矿床，是其中的板岩、砂岩、石英石经过加工而成的一种装饰建材。天然文化石材质坚硬、色泽鲜明、纹理丰富、风格各异，具有抗压、耐磨、耐火、耐寒、耐腐蚀、吸水率低等特点。

其他材料还包括艺术石、蘑菇石、卵石、竹子、不锈钢等。

自然面花岗岩	艺术石	花岗岩碎拼	透水砖	蘑菇石	不锈钢

素水泥	外墙砖	卵石	竹子	机刨面石材	花岗岩

(四)禅境景观的营建要点

1. 材料的纯粹与统一

　　纯粹性是禅境景观的一大特点，即意境、空间、材料这三者的全面纯粹。纵观所有的禅境景观，其材料的色彩都是以灰白色为主，或者是一些饱和度较低的色彩，材质大多古朴雅致，以亚光和毛面的材质为主，总的材料一般不超过三种，这种材料纯粹与统一的原则和现代设计中简洁的概念是统一的。材料纯粹的极致便是只使用一种材料了，但需要注意单一的材料必须以丰富的空间形式来搭配。只有这种简洁、丰富的相互配合与对比才能保证空间的丰富性与可观赏性，这就同现代主义设计一样，简洁并不代表着简单，材料的纯粹并不代表着空间的单调。因此材料的纯粹和统一是禅境景观设计时必须把握的第一要领。

2. 亲切怡人的尺度和较强的空间围合性

　　禅境景观需要营造亲切怡人的空间氛围，在空间尺度上首先就不能太大、太广，以免让人产生一种敬畏和距离感而失去了和空间亲近的冲动。因而禅境景观中的整体尺度都是相对狭小和低矮的，高的景墙往往只高出了人的头部些许，低矮的景墙也都处在腰身以下。这种低矮的纵向尺度清除了空间对人的压迫感，而横向尺度的狭小一则可以避免多人聚集在一个空间当中，二则可以让人产生一种空间占有感，让独处其中的人在内心深处有一种安定和满足。在禅境景观的设计中，也非常注重空间的围合性，每一个单独的空间都会用景墙、植物、石头及一些小品等对它尽可能地围合，这样可以避免外界的侵犯，而让空间中的人产生较强的安全感。

3. 鲜明的空间主题或较强的寓意性

禅境景观既然作为一种带有一定佛教景园性质和强调意境的景观模式，那么它必须具有鲜明的主题和寓意。如何将佛教的美学意境、佛典中的情景片段和公案以现代景观的形式表现出来，这是我们需要探讨的关键。这种表现通常有以下几种手法：

①运用空间序列来表达一个修行、进步的过程。比如在"度生桥"的设计中，用一座由"卍"字形拆分重组的桥所形成的空间路线，表达了一个修行者从此岸到彼岸的过程，这种景观序列的每一个点都有相对应的说法和寓意。

②用比较直接的形式表现佛典中所描写的佛国净土。如"六道轮回园"便用6条向心形并联通的道路形象地表达了"六道轮回"的概念，此园的中心位置用10块石头和白沙、青瓦表现出了佛教的宇宙观，即"九山八海"，旋涡状的白沙纹理代表了波动的海水，弧形阵列的青瓦代表了翻滚的海浪。

③将佛教某个形象的符号抽象和变异，形成一个新的景观或建筑空间。如"卍字映心池"，便对佛教的"卍"字形进行了拆分和添加，形成了一个可以静坐观水以及冥想的水池，静谧的空间适合内心的观想，眼前的吊钟时刻警醒着自己。再比如"万和草堂"，也是从"卍"字形抽象出来的，由"卍"字形演变成了4个相互咬合的建筑单体所形成的四合院，有院落天井，有连接着前后门的小巷，各种居住和待客空间一应俱全。

④用单纯的使用功能和空间氛围表达一种禅理下的人生境界。如"慎独院"系列，便是3个不同形式供个体静坐慎独的空间，这里的"慎独院"是最纯粹的私人小庭院，容不下其他人的足迹，主人静坐在自己的小庭院中，与空间相互凝视，感受到的只是"静坐思己过，莫议他人非"的精神佳境。在"迷局"中，便用绿篱组成的各种造型划分出了一个整体看似混乱无序实则有一条清晰道路存在的园林空间，人们身在局中，看似被迷惑，但只要理清头绪，调整好状态，便可轻易找到那条冲出迷局的道路。同样在"十岔口"中，用一个"十"字路口和四堵景墙，表现出了每个人都曾

经经历过的人生的十字路口。

⑤用直观的景观形式表达一个特定的佛教哲理。比如在"归元草庭"中，表现出一个在充满自然野趣的草地上，从四面八方流来的水汇集在一起的场景，这就形象地表达出"万法归一"的佛教理念。中国禅宗临济赵州从谂有一个公案，说的是一人问从谂："万法归一，那这个一又归何处呢？"从谂告诉他说："我在青州作一件布衫子，重有七斤。""万法"泛指世间一切事物和色相，"万法"所归之"一"，指的是人的"一心"或"本心"。

4. 现代、自由、精巧的构成形式

禅境景观的外在形式是建立在现代主义的设计基础之上的，所以它在形式、尺度和空间组合上比较自由，具有很强的灵活性。禅境景观从一开始就相对的"重意不重形、重神不重像"，就像散文一样，组成它的词、句、段落都很抒情和自然，不拘一格，而它的灵魂却始终如一。因此禅境景观在形式和尺度上没有特定标准和要求，一切以营造空间氛围和意境为目的，以为人营造精神家园为目的。

5. 意境营造是禅境景观存在发展的核心

学者宗白华先生在《中国艺术意境之诞生》一文中说到："意境的表现可有三个层次：从直观感想的渲染、生命活跃的传达到最高灵境的启示。"意境的构成，要求主观与客观统一，主观方面的"情"与"意"和客观方面的"景"与"境"相统一。深刻的思想、真挚的情感和巧妙的空间构成以及合理的表现手法，这几者缺一不可。禅境景观的设计必须是多个方面的深度结合，从构思到设计的完成都需要"心"的沉静和深入。禅语中说"一切唯心造"，所以禅境景观就更加需要设计者用心来营造它。禅境景观构思主题的形成由心灵的悸动而生，具体形式的推敲需要符合人本性中温润的心灵磁场，细节的点缀和氛围营造方面更需要从心灵归属的角度来出发，最终营造出一个能给人带来空间归属感的、抚慰人心灵的、可以让人在此养息或终老的、具有强大"精神意境"的景观空间。

总之，禅境景观设计的核心是意境，除了意境还是意境，笔者希望在这个纷繁复杂的世界中，用禅境景观所营建出的这种"精神空间"或"意境空间"，能给大家带来一丝心灵上的安逸和归属，愿人们能在这样的意境空间中无思无想、养息身心、感受日月风雨的存在，感受到自己这个本真的"人"的存在、感受到自己"本心"的存在。

第三章 禅境景观 设计案例

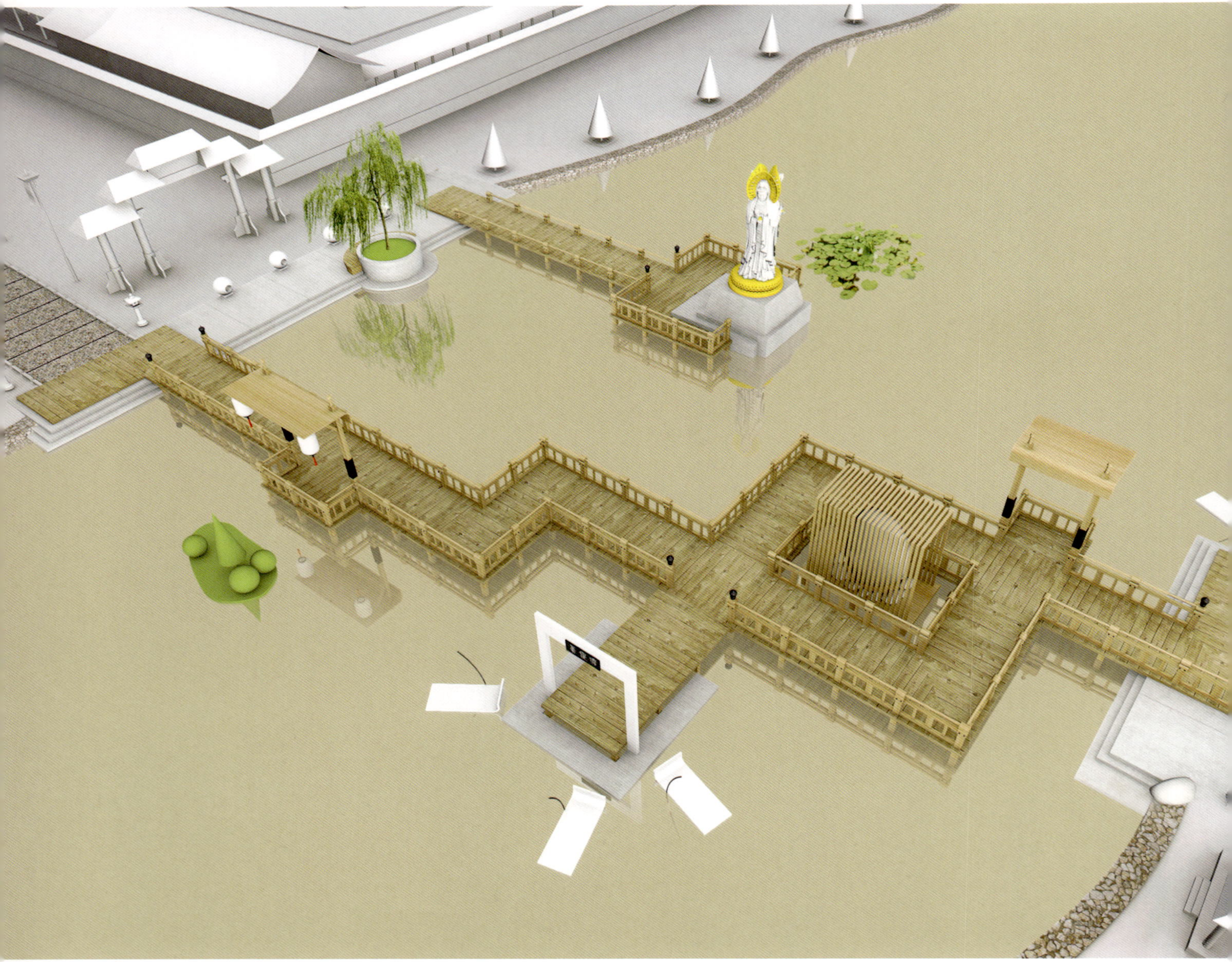

渡桥

设计解析

按照佛教的说法，观音菩萨与南瞻部洲（佛教中我们人类所存在的这个空间）中东土（佛教中中国的代名词）的众生渊源颇深，我国相当一部分民众存在着"朴素的观音信仰"。此设计便以"观音慈航化度众生"为主题，创造了一个有着序列性和故事性的景观空间。该设计主体渡桥的大形体由佛教的"卍"字形拆分而成，经过变异与重新组合，形成了现在的渡桥平面。在渡桥下半部分由两个"Z"字咬合而成的小空间中放置了一个木结构装置，内置一块大石，大石脚下摆放了9块小石，象征了佛教世界观中的"九山八海"。当人们通过这座曲折渡桥从"此岸"向"彼岸"行进的时候，有可能顺利通过，也有可能由于自己的迷痴和桥的曲折迂回而徘徊其中，甚至出现回到原点的可能。通过图面，我们可以看出此岸的建筑以小的道路和亭子为主，代表了俗界的平庸和低俗，而彼岸的建筑则以宽阔的道路、高大的牌坊、威严的庙堂为主，一幅圆满吉祥的场景。从渡桥开始行进的时候，一个关于人生历程和修行的序列便开始了，此岸行进的动作便代表了个人修行的开始。行进的第一步，我们遇到的是一个由"卍"字形拆分出来的构建端头所形成的小型观景平台，它提醒我们在人生的道路上行进时要不时停下匆忙的脚步，看看人生的

风景。紧接着遇到的是象征佛教宇宙观的装置，提醒我们在修行的开始就要树立正确的心态和人生观、价值观，因为佛教认为"一切唯心造"，心的能量可以改变一切，包括以后的人生前程。装置的偏右下方是一个码头，码头的端头上跨有一个现代式的牌坊，下部还有一块更低的亲水平台。三叶小舟停泊在此，白色的舟身再加上一根轻盈的撑杆，使整个小舟有一种凌空飘逸的神话般的美感。这些小舟即是观音菩萨的化身和代表，在这里专门运送那些凭借自己能力无法到达彼岸的人们。继续往前走，看到的是另外一处观景平台，此平台正对着一个小岛，小岛象征了观音菩萨的修行场所——普陀山。走到桥的尽头右拐，有一棵生机蓬勃的柳树，柳枝即代表了观音菩萨手中水净瓶里的柳枝来源。继续前行，有一条伸入水中的木栈道，栈道的尽头是一个由汉白玉雕成的三面观音站像。在这里，人们朝拜观音后即完成了这个关于人生历程和修行的序列。

该作品是此系列设计中故事性和序列性较强的一个，它形象地表现了一个俗人通过修行而得道成圣的历程，同时也将观音菩萨普度众生的概念清晰表达了出来。此设计描述了一个修行者的历程，又何尝不是我们每个普通人从一无所有到成就事业、成就自己这样的一个历程呢？

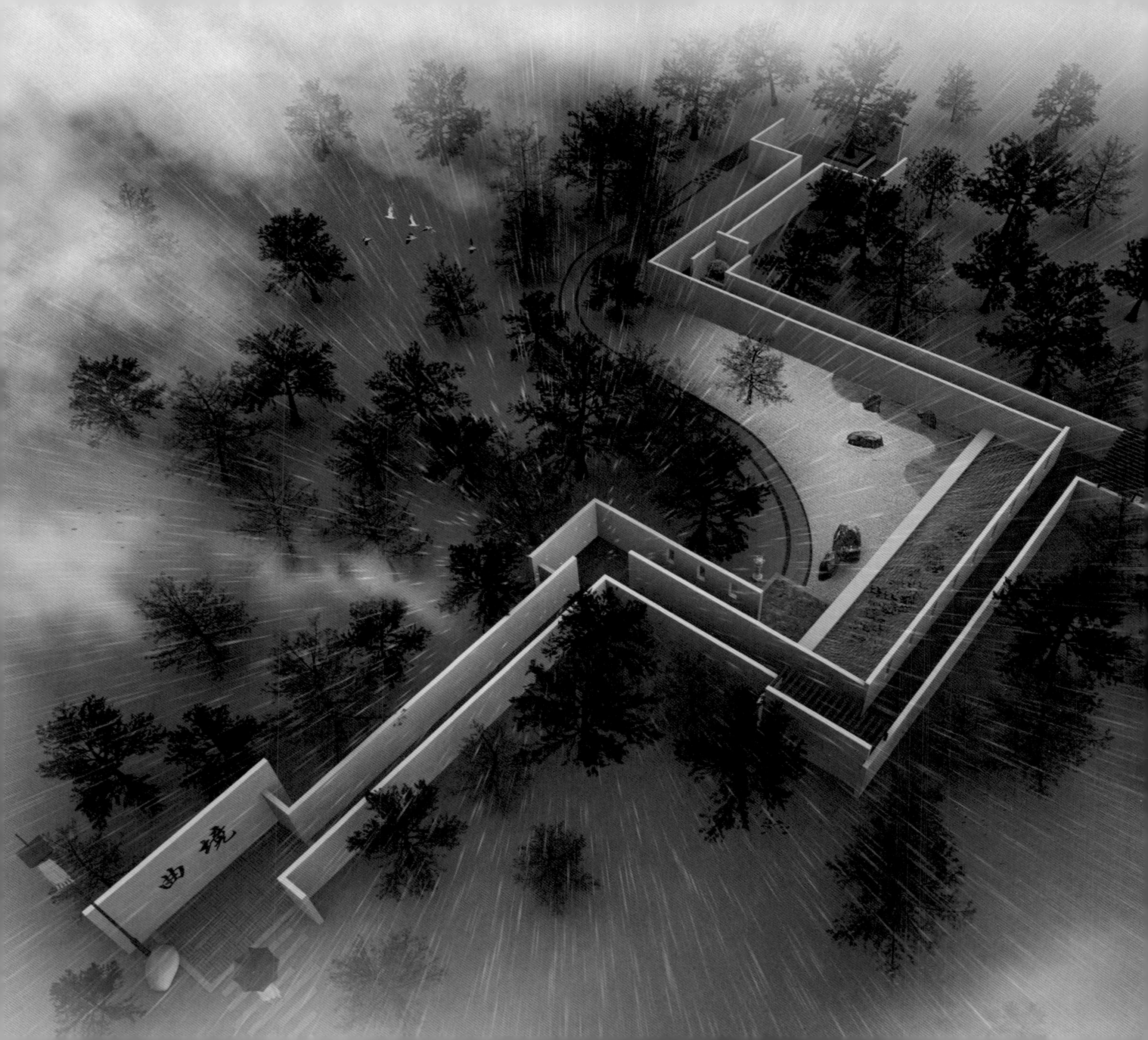
曲境

曲 境

你撑把小纸伞，叹姻缘太婉转。雨落下雾茫茫，问天涯在何方。

——选自方文山《雨下一整晚》

设计解析

在方文山的几句词中，无意间，竟发现其所描写的场景和此设计中的场景如此地吻合！

该设计的名称为"曲境"而非"曲径"，因为"曲境"比"曲径"所表达的范围更加广阔和深远，"曲境"不仅表达了空间上的曲折，同时也包括了精神上的曲折。

设计的主场景是一条迂回曲折的景观小径，这代表我们人生的蜿蜒曲折之路。小径两边设有较高的景墙，人行其上，景墙所相成的狭窄空间会给人造成一种强烈的压抑感，这种压抑感和我们现实生活中所遇到的痛苦及烦恼相呼应。小径的每个转弯节点处都设置有一个休息区或者绿植观赏区，提醒我们在人生的道路上要不时休整，否则就真的变为一条痛苦之路了。曲径的入口和出口处都设有较大面积的硬质铺装和较为丰富的景观，视野比较开阔，这代表了我们洒脱清明的童年心智和豁达开朗的老年心胸。曲径的第二个拐角处伸出了另外一条直接通往终点的小路，这代表了在我们中年时期，若善于思考便可直接到达终点，明了一切世事。另外，曲径边上的水景、枯山水景观、旗杆、景石以及树林和云雨，都是该曲径主体的衬托，使得这条曲径景观更加丰满和富有情趣。

此"曲境"是一个景观化、直观化的"人生境界"，人行走其间，心理随着空间的变化而变化，时而欣喜，时而压抑，时而痛苦纠结，时而豁达释然。人在这个空间序列中走完之后，便体会了一个完整的人生，此时我们再回过头来，看着这条已走完的"人生曲径"，再回想自己已走过的现实人生之路，又能领悟到些什么呢？

"卍" 字映心池

深潭月影，任意撮摩。清谈对面，非佛而谁。

——选自《佛心禅话》

设计解析

作为"卍"字形的又一次应用，此设计是在平面上用硬质的轮廓勾勒出了一个虚形，虚形中注入清水，使它变成了一个可以倒映月影和本心的水池。伸入水池的两条木栈道，便于人们临水观心。另外两个端头用钢筋混凝土结构将其连接，形成一个立体的构架，一口吊钟悬挂其下，壁灯置于侧面，当人们观心、观景之时也有了纵向的可看性。吊钟发出的钟声可以提醒自己免堕于昏沉，壁灯则为夜间的参悟提供了照明。水池后半部分的低矮"L"形景墙再次界定出树池的空间，加强了主体的围合性和向心性。景墙外的小花池用于栽植雅致的灌木和乔木，左上部钢筋混凝土结构的牌子上张贴的是空间标志。水池左右及前方的小路解决了人流来往的问题，同时也将该设计与其存在的空间连接得更为紧密。

该设计的最大特点是用非常纯粹的现代主义手法和构成形式又一次诠释了佛教的"卍"字形，两者得以完美融合。也许只有这种纯粹的清水混凝土材质、现代的构成形式，还有这种平静的水面才能与坐观者要求纯粹透明的精神境界相契合吧！简洁明朗的设计形式营造出来是一个雅致空灵的空间气场。当你临水而坐低头观水时，是否能照见自己的本心呢？当吊钟悠扬、厚重的钟声响起之时，这一刻你是否又能悟到一点什么？

"卍" 字园

世人多重金，我爱刹那静。金多乱人心，静见真如性。

设计解析

　　"卍"字形是佛教的一个重要标志，有着深刻的寓意。在形式上简洁明快，富有一股宗教的奥义，且构成感较强，颇具现代主义的审美要求。形体笔画之间的结合构成了一个围合向心并不断旋转的动势，因而在此"禅境景观"系列当中，以此形体作为母体符号而变化引申，生成了许多各具风格的设计小品。"卍字园"作为其中一个，在符号借鉴和空间围合上都比较典型。

　　"卍字园"主要由一个"卍"字形的墙体和它对面的照壁墙组成，形成了较强的围合性和各小空间之间丰富多变的转换关系。从右下角的入口进入此庭院，首先看到的是一棵孤植的风景树，它处在"卍"字围合而成的最小空间当中。入口处放置了一个洗手钵，供人净手且为空间增添一些情趣，并为接下来的礼佛做好准备。右拐之后便到了此园的观景休息区，此区是"卍"字围合成的最大空间，其间设有两个门洞，还有题字、座椅、微型枯山水景观、木质隔断、漏窗等。此处是整个庭院的核心，也是"卍"字所围合而成的4个空间当中最富情趣之处。当人们在木质座椅上休息时，背靠的是简洁通透的木质隔断，右边是写有《金刚经》的牌匾，前方是小巧纯粹的枯山水景观（此枯山水的置石便是佛教园林中最典型的"三尊石"置石法，即佛祖和他的两个徒弟迦叶和阿难在一起）。枯山水的旁侧是一个简单的圆形漏窗，透过它人们可以欣赏到院外的景致，和外界环境进行交流。顺着此处上边的门洞继续走，便进入院内最后一个朝圣礼佛的空间，一尊白色的汉白玉佛像嵌置在墙体围合的小空间当中，供人瞻仰朝拜，佛像的正面竖立了一堵照壁墙，纯粹的墙体中部只做了一个镂空的"卍"字，在阳光的作用下产生光影的变化，寓意着佛理在世

间的不断传扬。此照壁墙的作用有二，一是为了丰富空间，和佛像形成对照、对话的对景关系；另一方面，就是在佛教当中，佛像的摆设有一定的忌讳，应尽量做到令佛像隐蔽，避免在外部空间显露太多，这代表了对佛祖的尊重。当人们站在照壁墙面前时，可以看到其右侧一段由青石条和卵石组成的弧形汀步，汀步内侧是一个铺有灰色碎石的园地。园地的墙根处有一个小的土坡，散植着一些球形的灌木和蕨类植物，角落处有一个低矮、素雅的石灯笼。园地的边缘处有一棵孤植挺立的青松，寓意修行人"如如不动"的定力和气质。人们可以通过汀步再回到原来"卍"字所围合的最大空间内，由此也形成了一个环绕形的游览回路。

　　此庭院最大的亮点在于它在佛教的"卍"字形空间内设计出了相互贯通的游览环线，并在狭小的空间内营造出许多的妙趣。庭院虽小，但各种景观元素一应俱全，包含了干景、湿景、座椅、灯具、绿化、硬质铺装、雕塑、景墙、置石等。宗教景观特别强调其空间的氛围和意境，因此此院在意境的营造方面也较为注重，总体上雅致细腻、微妙幽玄、枯寂而生动。同时各个空间也各具特质，第一个空间舒展而大方，洗手钵和高大景树的对比为此空间带来了一丝调皮和矛盾的意趣。第二个空间最具幽玄和空灵的气质，当人们坐下观景时，浸润在这种氛围当中，各种联想联翩而来。第三个空间作为点题，设置了朝圣的功能，庄重的氛围表达了对圣者的尊重。最后一个半围合的空间当中，汀步和沙石铺面的种植区共同表达出一个远离俗尘的野趣。"卍字园"小巧而景致、笔直方正中蕴含无限兴趣，是一个较为典型的浓缩型佛教景观。

佛教文化街大门

莲花与佛教有着非常密切的关系，莲花是佛教的教花，并且经常与释迦牟尼佛联系在一起。据佛经记载，释迦牟尼佛出世后，立刻下地走了七步，一步一朵莲花，之后他就站在莲花上，一手指天，一手指地，说道："天上天下，唯我独尊。"他传教说法时，坐的是"莲花座"，坐姿也成"莲花坐姿"，也就是两腿交叠，足心向上。

设计解析

此大门作为一条佛教文化商业街的大门，以白色莲花作为设计母体，三朵形象的花瓣形成了大门主体，微微向后的圆弧造型形成一种迎接四方之客的动势。远处的观景塔象征了莲花的花苞。大门右下侧的门卫室与左边成排的景观柱很好地衬托出了大门主体优雅的姿态和高大健美的体块。前面平静湖面显现的倒影，使大门更显丰润和灵动。树林、栈桥、远山以及高原的天空赋予了该大门无限的灵性。

一如莲花佛教文化商业街

旋涡池

若见池沼，当愿众生，语业满足，巧能演说。

——选自《华严经·净行品》

设计解析

佛教认为，在看到润泽清澈的池沼之水时，我们要观想自己在语言表达方面的能力，争取拥有一个较好的表达和沟通能力。

该设计以圆形符号作为母体，其主体是一个较大的圆形水池，几个圆形硬质铺装地台与之相接在一起，再加上周围点、线、面的景观组合，整个设计传达出一种环环相扣、步步紧逼的动荡和旋转感。中心水池左边是一个较大的圆形硬质铺装地台，内筑一个木制框架的茅草亭，方便人们休息和观景；中心水池的右上角和右下角各有一个相对较小的圆形地台，中心分别放置了洗手钵和立石；左边和右上角的地台与水面相接的部分都设计有圆弧形的亲水平台，平台与水池外的园路相连，使交通相互贯通。两个地台之间的汀步因地势较高，与原来的中心水池又组成了一个较小的弧形水池，并与中心水池形成一处细腻雅致的跌水景观。在中心水池外围，3个圆形小坐盘依偎在边缘之上，其后各附一条近似尾巴的小木栈道，可以方便人们从景观外围走入，在此观景，与自己对话，或临水打坐、闭目冥想。中心水池右上角地台边上植有一棵造型优雅的樱花树，作为此景观区域中少有的一个生命体，激活和点亮了整个景观区的神韵。

从更深的哲学和隐喻角度来讲，此设计中这种大圆套小圆、大小不一的圆点和小圆弧等造型符号的叠加组合，旨在表达每个人内心中所蕴藏的烦恼和纠结。这些烦恼大小不一、环环相扣，不时变化动荡，将我们的内心搅动得无法安宁。然而"烦恼即菩提"，没有烦恼、痛苦也就没有我们的成长，只有敢于直视和面对烦恼，我们才可以离苦得乐，取得个人的成就和思想的升华。风雨过后往往是绚丽的彩虹，烦恼过后往往是难以言妙的超脱之乐。

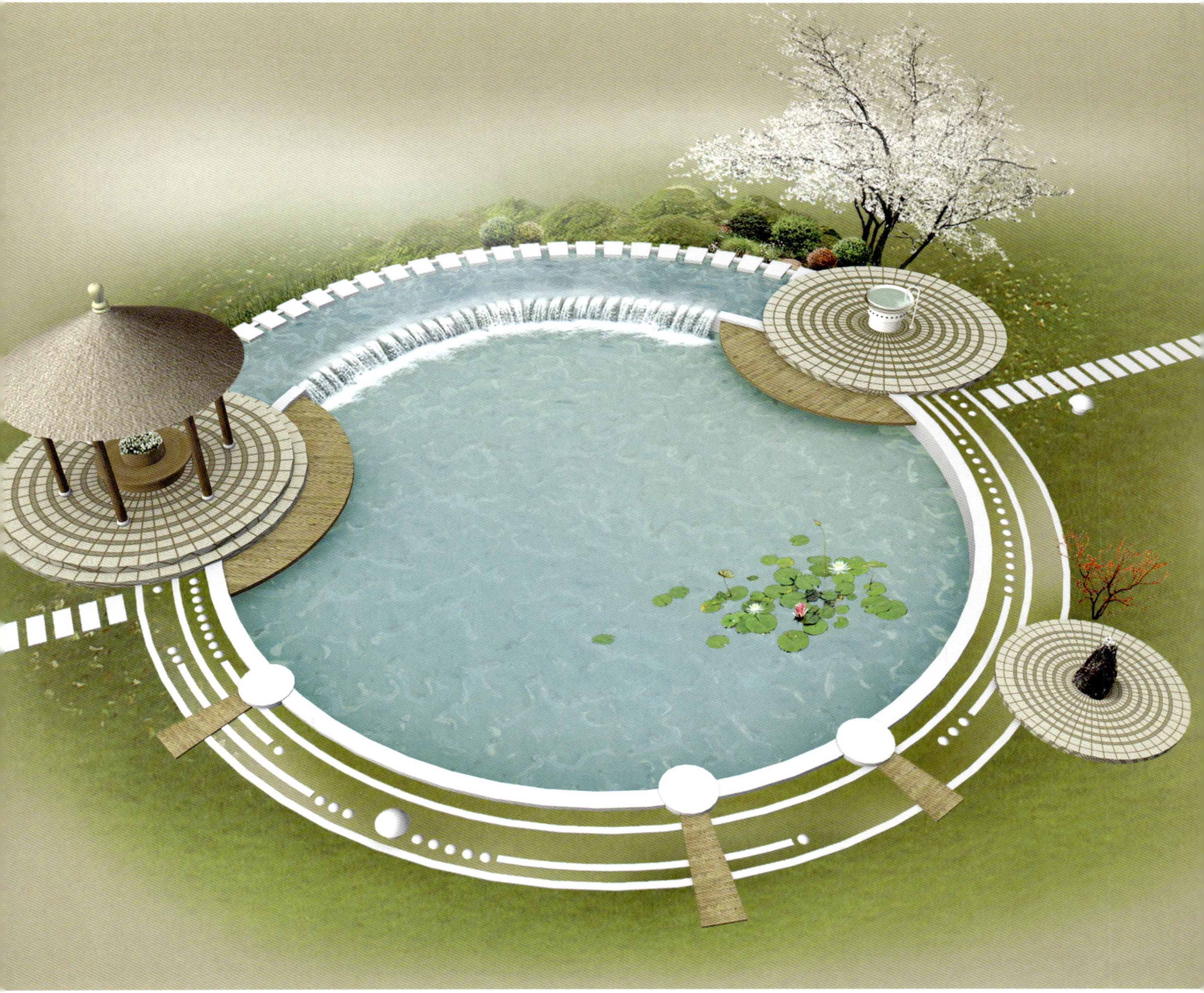

旋转回道

走在轮回路，一路要知足，用感谢心去付出，以欢喜心来受苦。

——选自佛歌《自如》

设计解析

　　该设计的主体是一个圆形佛堂，要进入此佛堂，必须经过一条长长的围绕佛堂的环形道路，这种有意设计的环形道路和整个景观及建筑所形成的一种向左旋转的动势是该设计的亮点和特色。

　　在旋转回道外面的端头立有一个小小的牌坊，牌坊下面有一块黑色的"止路石"，它表示此处是道路的终点或者起点。当人们从牌坊下穿过之后，在其右侧看到的是一排石质的景观柱，即唐朝时候经幡的一种形式。再顺着景观柱后面的一条弧形小径往里走时，见到一个白色的景观亭，此亭的外形象征了一片洁白飘逸的云朵。再往里走，会发现此条道路被左右两边几何形的绿篱限定出来，另外还设有庭院灯、洗手钵、景墙等景观设施。在道路尽头的正对面，一堵景墙挡住了去路，景墙上有一个从"卍"字形变异而来的花窗。景墙右边是一个较大的枯山水景观，枯山水中的六块置石代表了佛教中的"六道"。景墙左侧与枯山水景观相对的便是佛堂的大门。此佛堂用钢筋混凝土加钢结构建造而成，白色的屋顶、钢构的檐口、竖向木条制成的外墙，令佛堂显得轻盈大方而又现代典雅。景区外围还设置了几处形式不同的木质座椅休息区，既方便了人们的休息，同时也打破了旋转形外轮廓线的呆板。

　　本来，从方便的角度来说，要进入佛堂，完全可以从大门直接进入，但此设计却有意设计了一条蜿蜒旋转的道路，且把佛堂的大门藏在了道路尽头最隐蔽的地方，这种看似不近情理的做法实际上是另有目的的：一是为了让大家认识到进入佛堂、接触佛法的不易和难得；二是为了让大家在进入佛堂的旋转回道上产生一种体验和领悟，这种领悟可以是生命的痛苦和生活的艰难，也可以是对景观本身的优雅和妙趣所产生的欢喜；三是让人们在进入佛堂之前的回道上调理和平静自己的内心，当人们踏上这条旋转回道之前，内心可能由于生活的琐事而起伏不平，但行进之时，随着距离和时间的推移以及景观环境本身的暗示，便可以以一种平静的内心来礼佛听法了。

　　人生难得，佛法难遇，我们应该珍惜自己学到和积累的所有知识，并要领悟到为真理而奋斗的决心。

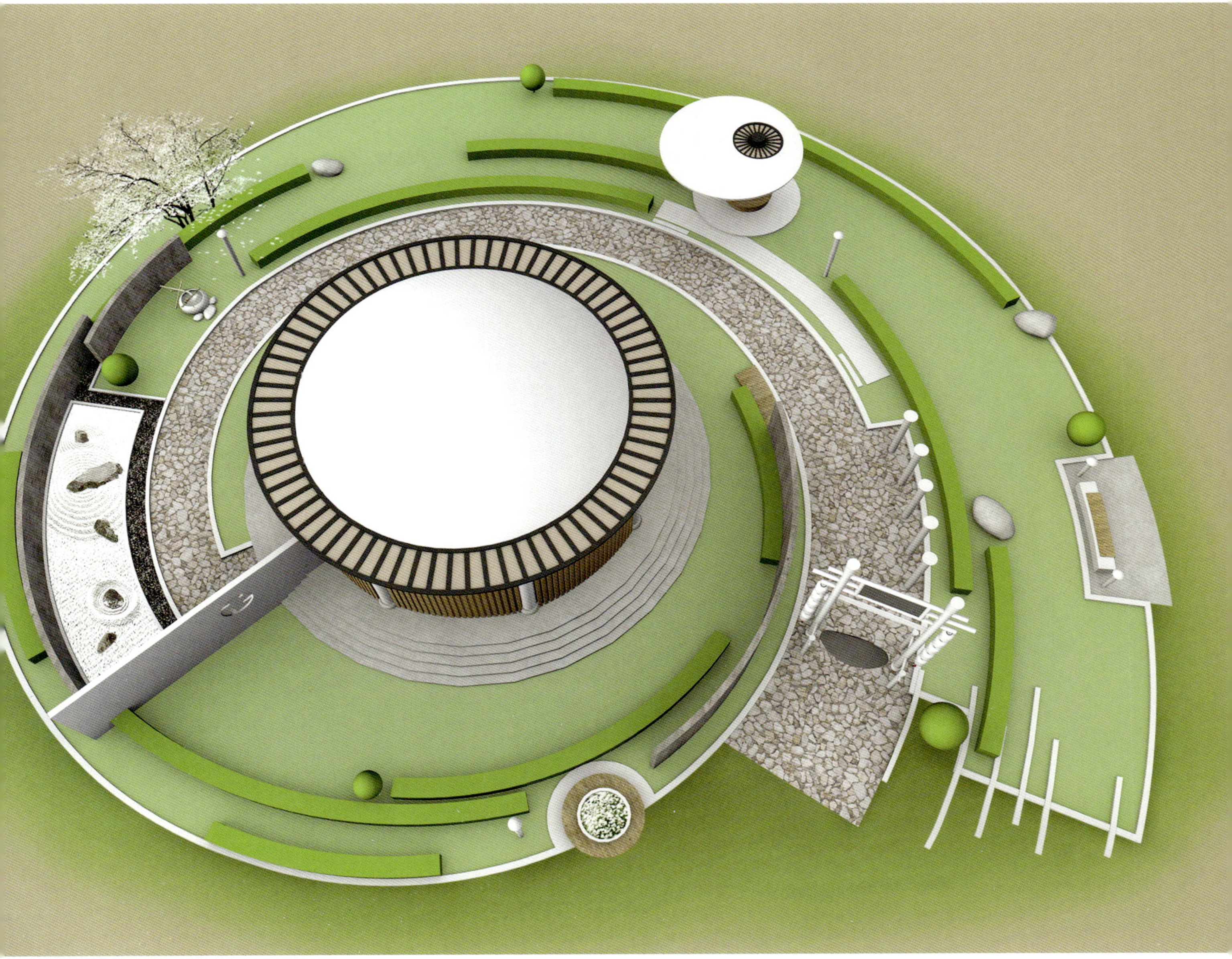

寮房院

若见园圃，当愿众生，五欲圃中，耕除爱草。

——选自《华严经·净行品》

设计解析

　　此设计的空间设置在供僧侣日常休息居住的所谓"寮房"区的一个小院内，分硬木铺装区和绿化区两部分。硬木铺装区是供大家静坐养心的地方，由景墙、座椅、树池、防腐木铺装等元素组成。景墙上刻有《心经》的经文，高低景墙和造型不一的树池形成了规整统一但又富有变化的层次空间。绿化区由集水池、洗手钵、石灯笼、植物等元素组成，再配以精心配置的石块、汀步，形成了有着强烈野趣的氛围空间。这两大区域通过雨水沟、小桥和趋同的空间氛围联系起来，形成了一个整齐合一的休闲及"修炼"空间。

　　此设计以自然、现代的风格为主，形式上采用现代几何的构成方法，意境上淡雅空灵。此外，该设计在理水和置石方面也做到了一定的科学性和合理性，小巧而精致、现代而富有意境、感性又富有理性，是一个现代佛教庭院的典型模式。

解忧室

大小便时，当愿众生，弃贪嗔痴，蠲除罪法。

——选自《华严经·净行品》

设计解析

《华严经·净行品》是《大方广佛华严经》中的一品，此品中有100多个为了众生修行而设的愿望，这些愿望教导大家在日常生活中不同情况下要"知行合一"。此作品中的题词便出自此，这句话告诉我们在如厕之时应该如何观想，即告诉我们身体在排除大小便污秽之时，思想也应该抛弃贪、嗔、痴这些坏的思想，将脑海中所有恶的想法统统剔除。

在汉传佛教中，厕所也被称为"解忧室"。此设计为一佛教性质的公厕，以中国传统纹样中的"回字形"作为设计母体，将"回"字拉伸成了一个立体的建筑，很自然地形成入口相反、相互隔离的两个空间。由"回字形"拉伸出的建筑墙体为纯白色，显得洁净明朗，木质结构和玻璃天花构成的室内空间小门上各挂着一张素色的门帘，墙上有较为通透的漏窗，漏窗中夹着一面粗纱，这种似透非透的空间给整

个设计增添了一些圆融和浪漫的情调。在每个入口的墙边处都挂着一块木牌，这是男女厕所的标志系统，男厕入口边上的木牌上写的是"善男子"，而女厕入口边上的木牌上写的则是"善女人"。正对着每个入口的墙上都设有洗脸盆和镜子，以供人在如厕后清洁之用。在建筑外围还有一条环形小路将建筑围绕，以方便男女性别之人相互绕行。环形小径及其延伸部分的边上都点缀了植物和小石块，以增添一些自然的雅趣，另外也点缀了一个形式现代的洗手钵，将"清洁"的主题再次强化。

人们说，"佛无处不在，处处也是修行地"，所以在所谓污秽之地的厕所中，佛法也是存在的，这里同样是我们修行的地方。愿我们的每一次如厕，都能将自己思想上的污秽和身体上的污秽一同排除，让自己的身心得到一次升华，愿我们的每一次如厕都是一次洗礼。

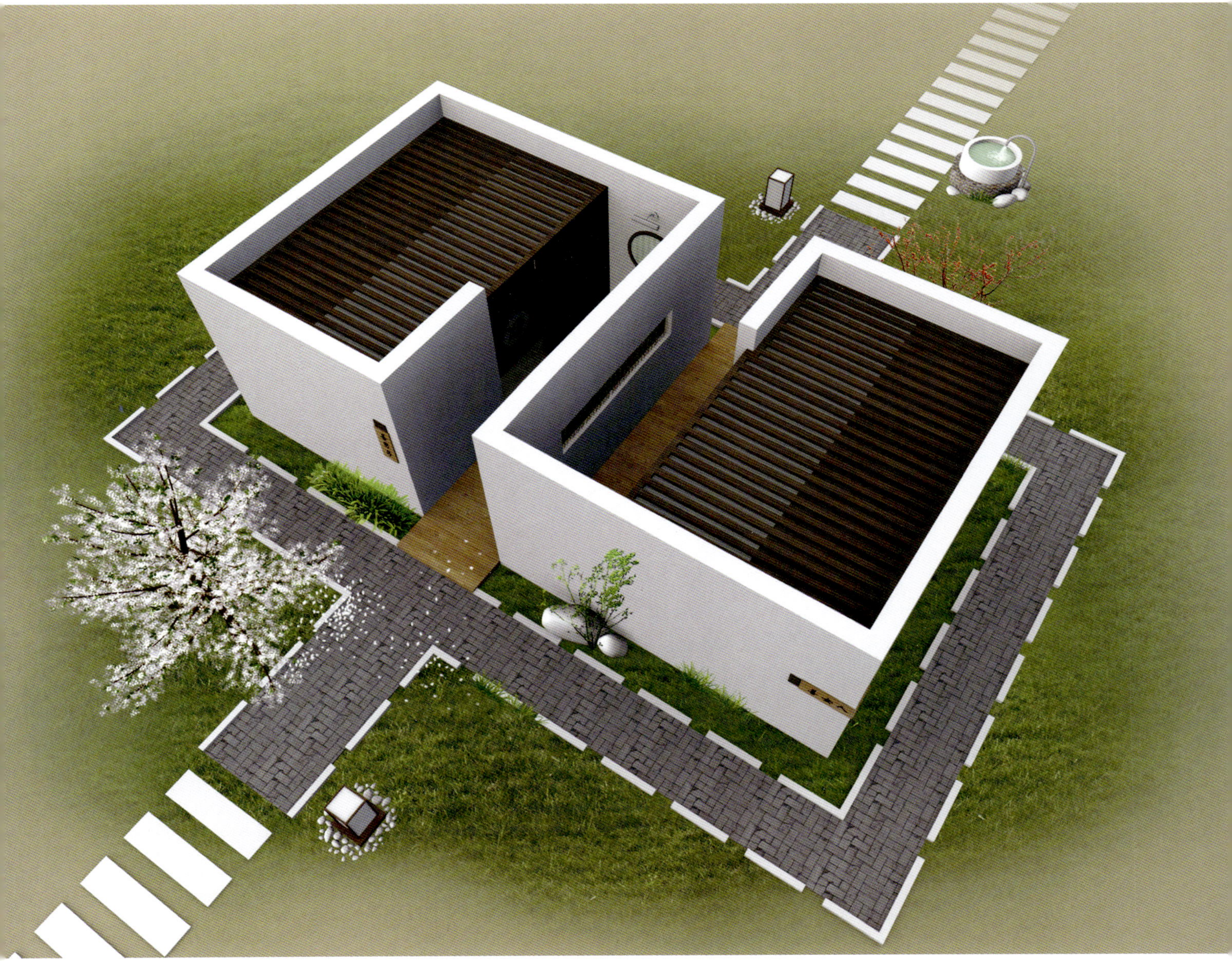

框

若见园苑，当愿众生，勤修诸行，趣佛菩提。

——选自《严华经·净行品》

设计解析

　　该设计是一个鸟语花香和充满较强趣味性的景观空间。根据《华严经·净行品》中教导的观想方法，当见到精美的园林时，更应该精进修行，体会到妙法菩提的趣味。

　　该设计用中国传统的榫卯结构建构起了一个层次较为丰富的木质花架空间。花架的左部吊了一口金黄色的铜钟，悠扬的钟声时刻提醒我们要抛却自己的贪念。花架的右下方有一个枯景的小龛，里面的三块置石便是所谓的"三尊石"，即大的石块代表着佛祖，其他小石块代表着两个正在听法的徒弟。花架右上方有一处木质平台，平台上部设有黑色钢网的吊顶，方便人们休憩之用。花架的后方有简洁的白色景墙，前方有一"L"形的花池，左方有一排圆形石球装饰，三者的结合将花架的主体更好地界定了出来。另外还有洗手钵、大小标志牌等，给空间增添了不少情趣。花架周围的不同植物和几只白色仙鹤等也给空间带来了生机和灵动。

　　"框"是该设计的主要形式和主题，本质上这个"框"的主题代表了我们人生当中遇到的各种束缚，寓意着身体和思想方面的条条框框。当人们身处这个框架之中时，感觉身体也已经被框架所束缚，于是需要冲破束缚，破茧化蝶，让自己的身体和灵性完全地张扬起来，找回自己那颗被尘土遮蔽了的光明本心。

人生如戏

人生如戏
戏如人生
戏如人生
繁华有时
没落有时

设计解析

　　人生如戏，戏如人生，繁华有时，没落有时。

　　人的一生就好似一场戏剧，而许多的戏剧往往都隐喻和再现了我们的人生，一时意气风发，一时又黯然没落，就如同戏剧一样在高潮与低谷之间交替轮回，演绎着起伏不定的人生。

　　此设计中的场景为笔者参与设计的一个仿古商业街区的一部分，属于整个仿古街区的中心，戏楼便是整个商业街区的"核"。戏楼本身即是演出戏剧的场所，台上的戏剧和台下观众的人生历程相互感应和对比。每一次的演出，对于台下观众来说，都可能是一场引发人生领悟和启示的戏剧。这座戏楼建筑在建筑形态、建筑装饰及彩绘方面都严格按照传统建筑装饰的法则进行，细节方面我们也做了细微的调整和创新，总体上将传统寓意和现代功能进行了较为完美的融合。

　　一座戏楼建筑的本身，可能无法引起人们的思考，但当人们浏览了这座建筑在春夏秋冬、雨雪晴阴等不同时节的变换之后，或许就能真的感知到戏剧、人生及建筑之间的某些共同之处。

十岔口

设计解析

人在一生当中，会面临许多十字路口，当我们必须选择的时候，是非常痛苦的时刻，因为我们无法把握自己选择的这条道路是否真的能有一个好的终点。前路茫茫，前途未卜，内心的纠结无法排除，在这样的情况下，我们能做的就是调整好自己的心态，即尽自己最大努力做好该做的，把握好过程，不管最终结果如何，我们都应以一种坦然的心态来面对。所以该设计的主题从本质上要强调心态的重要性。

在此十字路口的拐角处有4堵低矮的"L"形景墙，将十字路口更加明显地限定了出来，同时也形成了4个十字拐角处的小型休息园地。在4个休息园地中，右下角和左上角两处放置了木质休闲椅，左下角由于空间较大，加入了一张小石桌和小的枯山水景观，右上角的休息园地则以一个木质的围树椅为主，一棵樱花树站立其中，形成了整个景观区的制高点，也激活了整个空间的灵动气场。每块休息园地的地面都用冰裂纹的青石片铺成，疏密结合，将路面和休息园地连接起来。该景墙4个方向的端头都嵌有一个小标志，分别写着"去那里""留在这""来这边""到这块"的字样，让我们浮想联翩，它们似乎代表了身边局外众人的不同意见，也代表了自己处在十字路口不知何去何从的迷茫心情，同时也考验自己，是否具备了清晰和坚定的信念与方向，能否在人生的道路上经得起外界的流言、干扰和诱惑。

希望我们每一个人的心中都能有明确和坚定的人生方向，义无反顾地顺着自己的方向走下去，没有畏惧，也没有退缩。

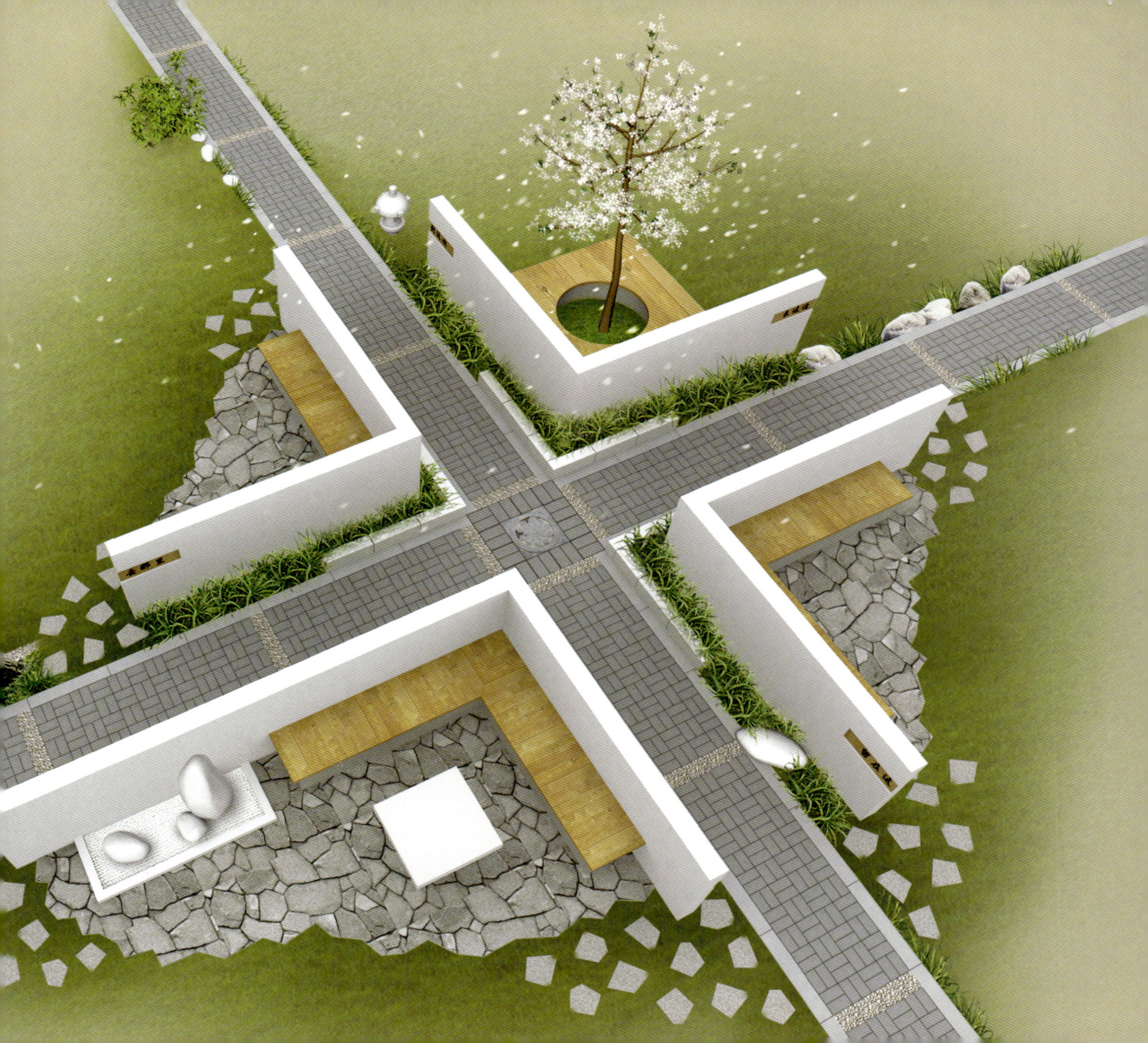

六道轮回园

设计解析

此作品以"六道轮回"的概念作为设计主题，用6条向心形的道路寓意轮回中的六道，再以中心转盘和外围环道将这六道联通起来，环道左右两边的两条大路将此"六道轮回园"与外围的大环境再次连接。图片最下方的道路代表了佛教中的"天道"，依次往左旋转分别是"人道""阿修罗道""畜生道""饿鬼道"和"地狱道"。这六道中的每一道大门形象都和该道的主题相呼应，"天道"的大门以华丽的火焰纹为母体；"人道"的大门是一个我们经常见到的牌坊形象；"阿修罗道"的大门相对于"人道"的大门更加华丽，但同时也显现出一些诡诈的迹象；"畜生道"的大门是一个低矮的石制门洞，与普通的牲口圈大门颇为神似；"饿鬼道"的大门以盘龙点火的石柱作为标志，代表了"饿鬼道"中的困苦和惨烈；"地狱道"的大门是一个石头垒成的门洞造型，寓意出了"地狱道"中的阴冷和不见天日。六道的中心有一个中心枯景，主体是一块代表了须弥山的大景石，上面书有"芥子纳须弥"的字样，石块脚下有用小青瓦围成的圈状波纹造型，预制的半圆形青瓦与普通的小青瓦相搭配，代表了水波中微小的水滴。整个中心枯景的下面用白沙铺就，以达到一种黑白对比的纯粹效果。另外在这六道的附近和周边也随地形设置了休息椅、庭院灯、小水池、微型铜塔、石灯笼、小的置石、竹制的篱笆、只供观赏的小石道、大小乔木等作为丰富景观主体的点缀性元素。

当人们信步于这"六道轮回园"中的时候，这种随意行走和转圈的过程就形象地代表了我们在六道中往复轮回的过程，这样的轮回过程能否给我们的人生发展带来一些新的压力和思考呢？

迷局

花入泥我入戏，如你如棋宁愿我入局……山静满乌啼，叹终于……花入泥我入迷，如你如笛思念我入题……我溯溪，只为遇见你。
——选自《花入泥》

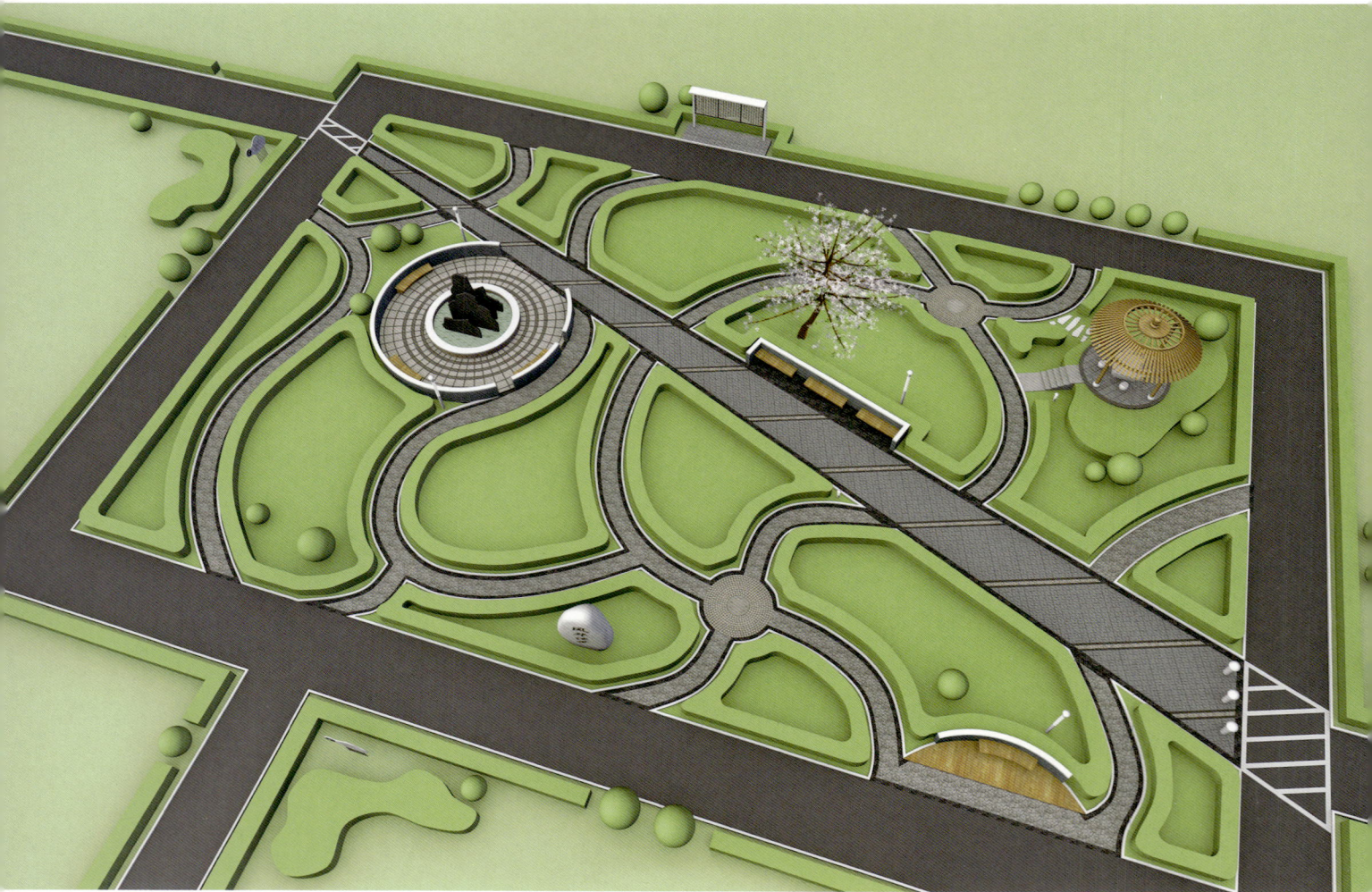

迷局 A

迷局 B

设计解析

　　该设计的题字引自我国台湾词作家方文山的《花入泥》，虽为歌词，但多少有些优雅浪漫的禅意，表现了一个渺小的个体在纷繁世界中的洒脱和豁达。

　　迷局 A 将西方园林中以绿篱为主要元素进行布局的手法和中式园林的一些元素相结合，营造出一个有些许迷乱和模糊的游园空间。人们在这个方向模糊的园中游走，处处充满了未知和意外，就如同人生的历程一样。园中的一条笔直大道从入口往远处看，出口特别狭小，似乎没有出口，但只要能坚持走到它的尽头，却发现是柳暗花明的一片天地。该空间在中式园林元素的应用上，设置了圆形木亭、圆形水池中的假山、木平台上的休息区、大景石、庭院灯等。迷局 B 以圆弧形的景墙为主要造型元素，在高低、长短、细节上给予不同变化，通过反复的围合与阻挡，形成一种极其曲折的穿梭路线，仿佛一个另类的迷宫一样。周边的弧形汀步加强了这种圆弧的交织感，外围放射状的园路、树木和较远处的景墙作为陪衬，烘托出了该园的情趣化和自然的氛围。

　　人生的迷局虽然充满了起伏不定，但也正因如此，才生出了许多的意外、惊奇和妙趣。只要我们拥有良好的心态和圆满的智慧，那就能在任何迷乱的困境中化险为夷，峰回路转。

峰回路转处

远山麦田如梯，层层叠回忆，峰回路转之际，无意遇见你。花入泥，我入戏，如你如棋思念我入局。山静谧，叹终于，何时归故里。

设计解析

这是方文山的《花入泥》，稍作了改编，以求得和设计的空间及主题相适应。

此设计是在一条马路的拐角处设置的一个小广场。目的是便于疏散人流交通，让欲走捷径之人可以横穿广场。另外在拐角处设计广场，能保证拐角处交互人流和车辆的视线通透，避免由于视线遮挡原因而造成交通事故。从平面角度讲，马路的拐角处可以算作一个直线相交的节点区，对于节点区一般都应重点处理。

此小广场靠后的部分有三段相互平行、具有一定错落感的景墙，挡住了后方坡地的土坡，同时它们也象征了大小不一的山峦，呼应了"峰回路转"之时人们所体验的交错、移动的层次关系。景墙上面的圆形漏窗、花架、门洞和其脚下的座椅、盆花等都起到了丰富景墙主体和功能、增添空间情趣的作用。景墙对面是一圆形树池，一棵樱花树以一种"风华浊世"的姿态独立于此，其随风飘荡的枝叶煽动出整个空间的气韵。再往

前靠近马路拐角的地方有一个月牙形的小水池，它处在马路绿篱的围合之中，既动中取静，又保证池水不被马路上的杂尘所污染。水池边上有一小块置石横卧其上，称为"望石"，如人般跨在池边窥视水底，"望石"的设置给小水景带来了一丝调皮可爱的空间情趣。整个广场用方形青砖铺成，黑色的花岗岩和白色碎石组成的条带起到了划分地面层次、加强空间横向动感的作用。广场外围与马路相接的地方用长约 1 米的步石相隔开，这种做法既保证了广场入口的开敞性，又保证了小广场的相对封闭性。广场后方土坡上的铜塔与对面的标志起到了配合广场主体的作用。

当人们身处峰回路转的拐弯之处时，内心总会产生许多等待和期许，希望路转之后能看见新的风景，获得新的收获。从佛教观想的角度讲，我们应在路转之处抛弃以往的贪念，从而获取一个健康清净的精神世界。

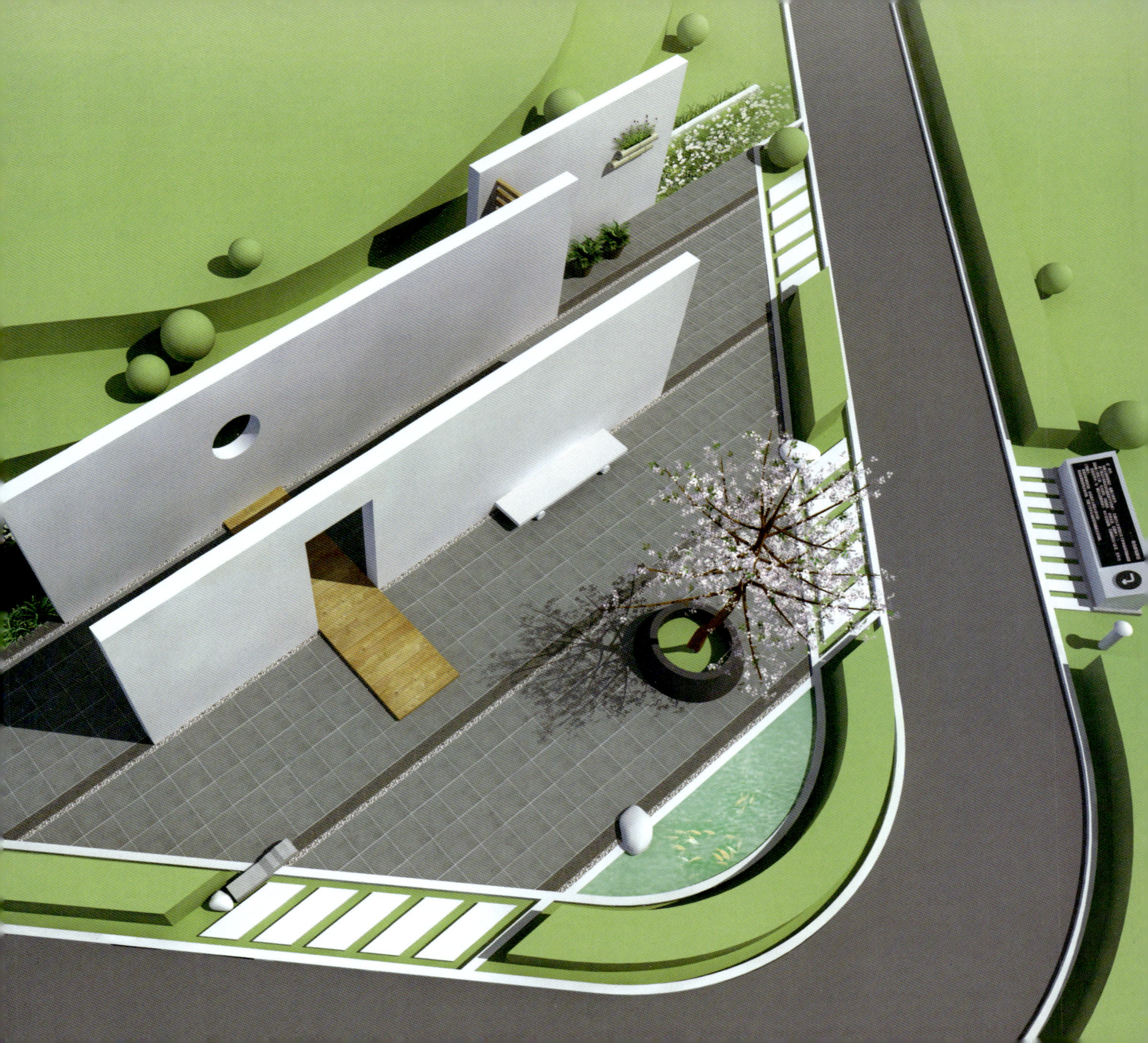

地藏门

地藏菩萨，或称地藏王菩萨，因其"安忍不动如大地，静虑深密如秘藏"，故名地藏，为佛教四大菩萨之一，与观音、文殊、普贤并齐。因其发了"众生度尽，方证菩提，地狱未空，誓不成佛"的大愿，故被尊称为大愿地藏王菩萨。

设计解析

此设计根据地藏菩萨及其大愿而做。因地藏菩萨要度化的众生当中有相当一部分都处在地狱当中，所以此设计中将地藏菩萨的位置放在了平面为三角形的墙龛当中。此墙的材质为清水混凝土，这种清水混凝土的材质既古典素朴又具有一些现代和时尚质感。地藏菩萨的摆放便于人们朝拜，也可以让他和众生更为接近。地藏菩萨坐像的左右两边有两个护法小神，最右边是点燃的香烛。佛龛右边的白色大门为主要出入口，斜顶屋檐和白色的竖向格栅门及素混凝土墙这三者通过结合，化解了相互之间的矛盾，形成较为完美的融合。大门的左右两边分别放置了石灯笼和石雕

的麒麟，最后再通过枯枝、置石、低矮的竹护栏、石制的洗手钵等装饰小物件点缀，既丰富了主体，同时也给整个空间带来了浓烈的空间妙趣。最后再将整个设计放在了一片白雪的场景之中，又给整个作品带来了一丝宁静和素雅。

图中这种小型佛龛或放置神像的微型空间在我国的广大农村随处可见，在日本有些地方，地藏菩萨甚至被放到了露天的马路边上。地藏菩萨是佛教中舍己为人教义的代表和典型的践行者，他的大愿感染和激励着许多的佛教信徒，此设计也是受其大愿的感染力而诞生的。

滨水灯塔

设计解析

灯塔是建在海岸边并靠近关键航道附近的一种塔状发光航标，用以引导船舶航行或指示危险区。根据不同需要，它会发出不同颜色的灯光及不同类型的定光或闪光。灯塔最主要的作用是引导远处的船舶接近港口，或指示出礁石、浅滩等危及航行的障碍物，它是海上来往船只的指明灯。没有灯塔的港口就是一个死港。

这两个设计的主体都是一个灯塔，第一个灯塔的形象从我国传统柱式中的"盘龙柱"引申而来，第二个灯塔的形象从"石灯笼"演变而来。这两个灯塔都立于水边，都有景墙、亲水平台、休闲椅、花池等景观元素的配合，并与其他元素分别构成了两个富有层次的、雅致玲珑的滨水小景观。滨水景观夜间的照明效果是很重要的，从照明的灯光形式上来说得有点光源、线光源、局部光源及整体光源，从照明安装的角度讲，有的光源应该被隐藏起来，利用水及其他物体将暗藏的光线反射出来。这样形成的退晕光是很具美感的。最后还要注意灯光在色调上的变化，即冷色光和暖色光的搭配。

亲水平台上的休闲椅是我们观海冥想的地方，平台边停泊着的小木船便是人生的航船，小木船上发光的灯笼是人们自己的指向标，岸边高大的石质灯塔是佛法的指向标。人生的航船若要航行得准确、平安，就需要自己的指向标和佛法的指向标一起发挥作用，若失去任何一方面的指引，便无法抵达美丽、圆满的港湾。

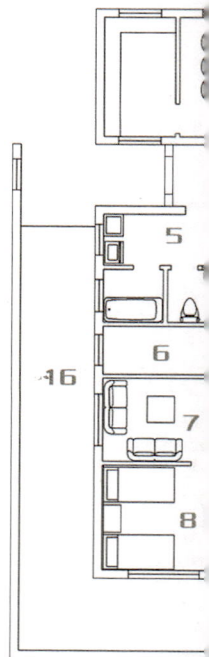

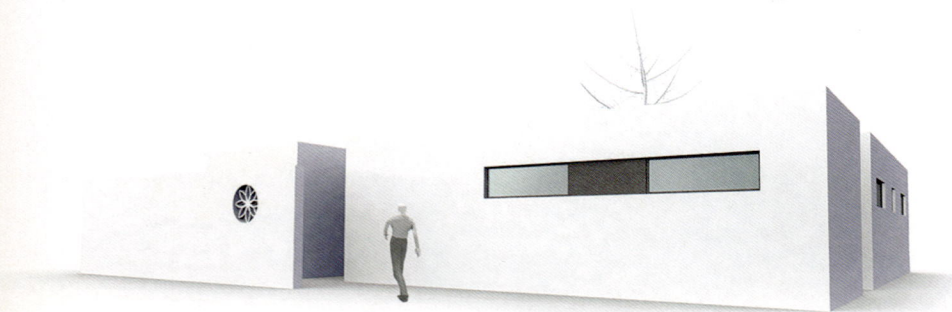

万和草堂

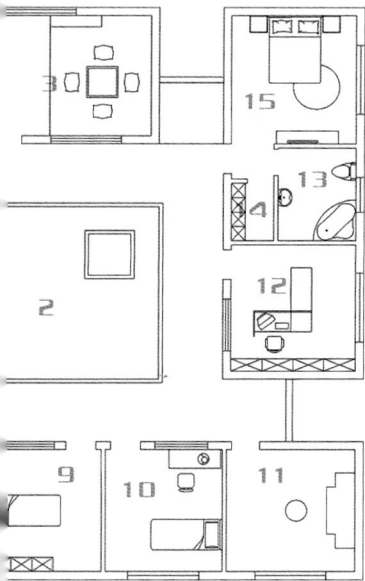

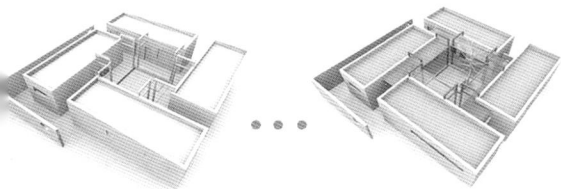

设计解析

作为"卍"字形符号的又一次运用，该设计将"卍"字形的母体用到了小品建筑之上。相对于故宫里的"万方安和"而言，此建筑较为小巧抽象、现代简洁、细腻亲切，更加符合现代人的审美，从功能上也更为适合普通人居住。

该设计通过"卍"字形的母体，取其相互咬合的结构关系和顺时针旋转的动势，经过了4次变异过程，形成了具有咬合关系的四个体块。这4个体块又围合出了一个中心小庭院（室内空间的布局划分和门窗设计满足了人居的需求），最后外加了一个"L"形的景墙，以形成一条"小巷"空间。整个建筑的色调以白色墙体配黑灰色的窗户为主，有了一些徽州民居的印记。室内空间划分为客厅、卧室、餐厅、书房、小孩房、佣人房、厨房、卫生间、佛堂等，完全满足了一家人生活起居和日常的接待交往之用。小庭院中的廊架采用钢构加玻璃的形式，晶莹通透且极具现代感，庭院中间的一棵大树作为画龙点睛之笔，给予了整个空间以灵动和生机。外围的"L"形景墙形成的"巷道"空间连接了建筑的前门和后门。正对主入口的景墙上，有一个变异了的"卍"字形符号在亲切怡人的空间尺度下映入眼帘，人们在此感受到的是一种怀旧、古典、清雅和慰藉心灵的空间氛围。

此设计的最大特点是将"卍"字形符号成功并含蓄地转化成了一座小品建筑，并将中国传统建筑中的回廊、庭院、小巷纳入其中，整个建筑简洁典雅、朴实无华，将佛教文化和中国传统文化表现得不露锋芒。居住在此的人，坐看流云，独享清风明月，随着时间的推移，也定能历练出一种睿智高远、处变不惊的心性来。

现代枯山水院

修行于定，当愿众生，以定伏心，究竟无余。

——选自《华严经·净行品》

设计解析

枯山水是日本典型的传统佛教景观，擅长用纯粹的白色细砂和石头营造幽玄空灵的宗教氛围。此庭院便以枯山水为母本，通过对其外围建筑和环境的改造，形成一个整体风格较为优雅和拥有其他空间意趣的"现代佛教枯山水庭院"。

在日本传统的枯山水景观里，一般都会有一个建筑或回廊，人们坐在建筑中观景或冥想，这种供大家静坐的广阔平台，称为"广缘"。在此设计当中，除了主景的枯山水之外，也有一个带有"广缘"的小品建筑。这是一个用现代材料制成的白色流线形整体建筑，在简洁的"C"字造型中生成了屋顶和地面，屋檐下点缀了白色的灯笼，代表"广缘"的地面上放置了几个坐垫，供人跪坐观景。此建筑的前面是一个典型的枯山水园，此枯山水同样也用白色细砂铺满，细砂纹理由水平的直线形和圆形的水波形组成。水平的线形纹理和建筑的水平坐标相呼应，并对整个枯山水园起到统一的作用；圆形的水波形纹理代表了湖水的涟漪，并暗示出人生的一个个困境与疑惑。园中的7块石头指代中国魏正始年间的"竹林七贤"，此七人是当时玄学的代表，这和枯山水园的幽玄气氛很契合。在这七块石头的布置上，大小、高低、疏密、竖纵方向相互结合，并在动势和形态上相互呼应。枯山水园的下侧是一条细长水平向的绿色苔藓隔离带，上面嵌有菱形的青石，以丰富这条景观带。再往下是一处开阔的硬质铺装场地，供人在此左右走动，从不同角度观景。庭院的最下侧有一排球形的花岗岩石头，起到界定整个庭院空间的作用。庭院右侧的园路是此设计的最精妙之处，从下到上由一序列的景观元素组成，这个序列由一块扁平的灰色石块为起点，依次是标示牌、庭院灯、休闲椅、垃圾桶、曲折形的道牙、洗手钵、木树桩围合的小花园、磨盘形的道牙、石灯笼、大樱花树，由此尽头踏三步上到主体建筑里，进入坐式观景的状态中。园路、主体建筑和枯山水园这三者通过一条"L"形的雨水沟相串联，形成了统一的整体。

此设计创造了一个区别于中日传统建筑的现代枯山水景观，此种模式更加纯粹现代、空灵并富有情趣，形式上更能和现代景观相结合。

一线门

缘来勿拒，缘去勿留，缘来勿喜，缘去勿悲，原来如此。

设计解析

　　每个人的一生当中都要遭遇到众多瓶颈，要突破这些瓶颈，需要勇气、耐性、沉着，更需要智慧，一旦冲破了这个关口，迎来的便是一片更加美好的人生风景。

　　该设计以两堵景墙之间的间距象征人生的瓶颈，同时也象征两座高山之间形成的"一线天"景观。卡在两堵景墙之间的黑色石条是人们冲过这个关口的小道，此石条也象征了被夹在瓶颈阶段的个体——人。右侧景墙靠近石条的部分有一方形的漏窗，墙内竹子的枝叶从中穿出，勾起了人们窥探的欲望；

石条左侧设有一个洗手钵，方便人们在此紧要关头的洗漱和休整。两堵景墙的前方有一狭窄的横向枯山水景观，内置的石块和石灯笼象征了现实社会中的普罗大众。透过景墙的间隙，我们看到了景墙另一边灿烂的春色，这是一个更高境界的人生状态，它等待着我们每个人用自己的努力和智慧去抵达。

　　愿我们每一个人都能用精进的努力和智慧不断冲破自己的每一个人生瓶颈，从而不断地提升自己的人生境界，顺着自己的方向和法门勇往直前，同归妙法菩提之所。

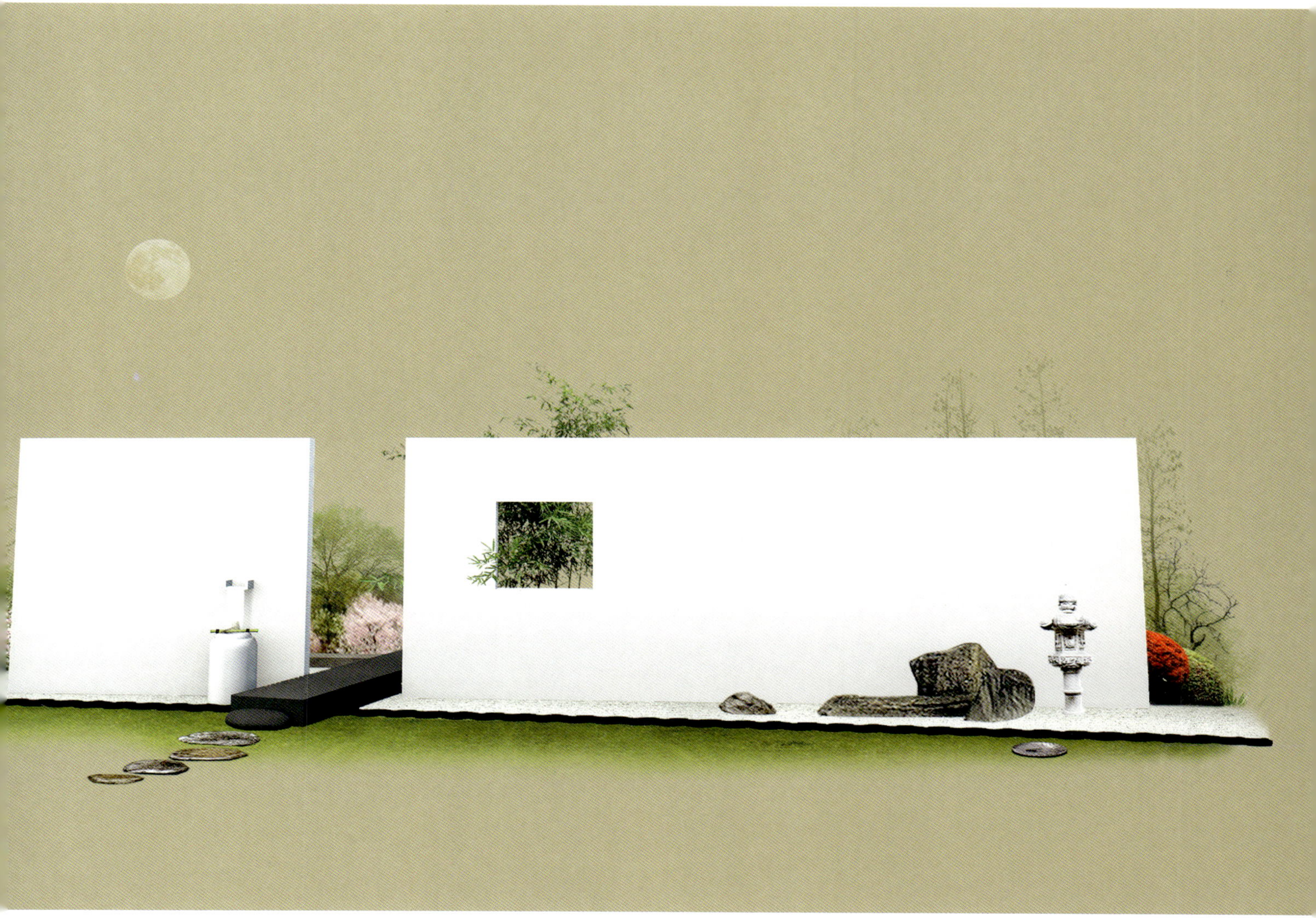

慎独院

翩翩少年峥嵘游，不见人间情与仇。天地浩然有正气，他日有缘再相逢。

慎独院 A

慎独院 B

设计解析

　　中国传统文化要求我们在人生的任何阶段都应该"一日三省吾身"，"自省"或"慎独"都是我们成长和进步的最好手段。所以此"慎独院"系列的设计就为大家提供了这样 3 个自我关照内心的场所。

　　慎独院 A 中的小庭院，是一个变异了的枯山水景观。整个庭院被三面素白的墙体围合，右边的墙体上爬上了一串藤本植物。正面墙体上有空心砖构成的漏窗，方便内外景观相互借景。左边墙上有一扇小窗户，但平时这个窗户都被一扇实体的木质窗扇所挡着。该庭院除了枯山水景观必备的白砂之外，有饮马槽改造的小水池、小青瓦、石磨盘、石灯笼、淡竹、伏地柏等多种景观元素。竹子种植在庭院的最后方起收边的作用，条形水池和小青瓦摆成

慎独院 C

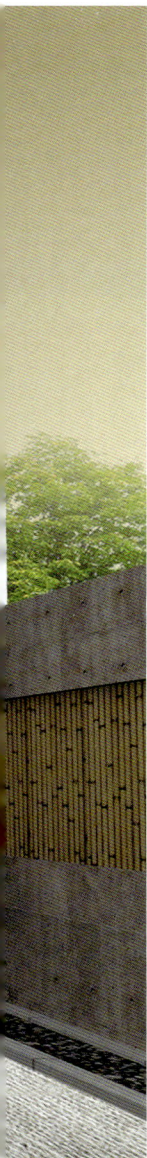

的线形陈列共同划分出了庭院前后关系上的层次，石磨盘、石灯笼和伏地柏夹杂在线形陈列之中，并打破了呆板，为整个空间增添了些许意外的情趣。庭院近处三个定制的圆盘形瓦块构成了一个由点组成的线性陈列，它和小青瓦组成的陈列形成一种对比关系。近处的观景平台边有一张与木平台连为一体的座椅，座椅上放置的黑色水钵为小庭院带来一丝生活的情趣。

　　慎独院 B 由一个简洁、纯粹、开敞的茶室及其围墙围合而成，茶室的地面由防腐木地板铺成，墙面为白色，正对着院子的墙面做成了有着凹凸肌理的拉毛效果，显出一些质感，茶室里摆放着同样风格纯粹的茶几和座椅，此开敞空间的茶室既可避风挡雨，又可接纳明媚的阳光和新鲜的空气。在庭院的右边有一竖长形的浅水池，里面可以栽荷观鱼，由于水的引入，整个庭院空间显得清润了起来。水池右边的地面由半尺余的青石铺成，较大的青石间距中间填充了白色的砂粒，使简单的青石地面别具韵味。水池和青石铺地的交界处有一黑色的方形树池，里面孤植了一棵樱花树，樱花盛放时，一片片细小的粉色花瓣随风飘落，有了一丝"凄美"的意境。

　　慎独院 C 由一栋风格清雅的建筑和一个纯正的枯山水庭院构成。该建筑的前半部分为白色实体结构，后半部分即靠近枯山水庭院这边是一个木制结构茶室。茶室的顶部挂着一个小巧的吊钟，在钟声的作用下，主人时刻不忘自己的精进努力。茶室的后面有一段尺度惬意的木质平台，在晴朗悠闲的日子里，主人可以坐在这个平台上观景和沉思。此枯山水庭院中的白砂采用平行的竖直形纹理处理，白砂上的 3 块置石有着其独特的象征寓意。左边一大一小的石头即所谓的"师徒石"，大的象征师傅，正在讲经说法，小的象征徒弟，正在专心聆听师傅的教诲；右边的石块象征处于佛法之外的芸芸众生之一，由于机缘的不成熟，他没有机会接触佛法，所以就像一只在大海中迷失方向的憨鱼，孤独迷茫地游离在佛法之外。枯山水庭院的左上角有自然形的小土丘、洗手钵、石灯笼，有象征着寿岁长久的小青松、诞生于远古的蕨类植物，还有靠在墙上的木耙。在休闲的时间里，主人手持木耙梳理白砂纹路，这种过程又何尝不是一种修行呢？

　　于普通人来说，拥有一个真正意义上的私家庭院，是一件非常美好的事情，而有一个能给自己精神和思想提供栖息之地的生态空间，更是难得之事。在此借用某位诗人的话："我想有一个院子，靠近湖海，春暖花开。"

辩经台

自皈依法，当愿众生，深入经藏，智慧如海。

——选自《大般若经》

设计解析

辩经这种学佛方式最早起源于印度，后传入西藏成为藏传佛教中的一种辩论佛教教义的学习课程，同时也成了藏传佛教的一大特色。辩经多在寺院内空旷之地、树荫下或者特定的场地中进行。辩经者往往都由比较优秀的僧人担任，其方式各有不同，主要可分为对辩和立宗辩两种形式。

此设计是一个向阳的、靠近墙体的平台，是一处读经、讲经、辩经的综合场所，座椅、石灯笼、置石、石狮等都是衬托主体环境的情景元素。人们处在在这样的空间中，静时可以心如止水，细细感受和品味空间中每一个元素所散发出来的清雅意蕴；动时可以音声入海，在清风和树叶飘洒中体验思绪碰撞的乐趣。

深入经藏是学习佛法很重要的一个环节，需要以一种清净、辩证、灵活的思想来对待。

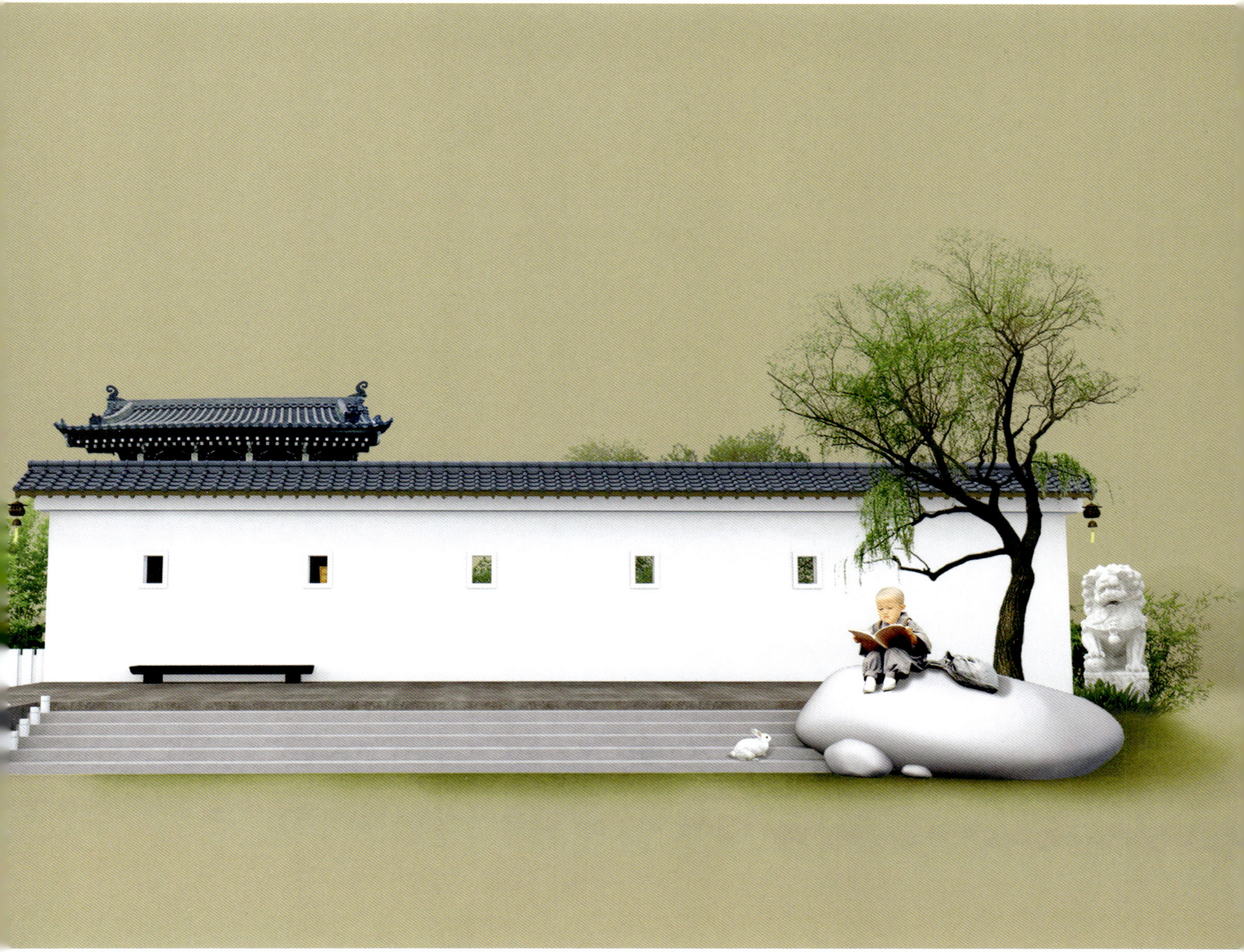

行舟

现自在身，愿众生共渡慈航，早超苦海；救将来劫，望我佛宏施法雨，力挽狂澜。

——摘自佛教楹联

设计解析

  观音菩萨之所以被人们熟知和铭记在心，是因为她大慈大悲、救苦救难，而且有求必应，所以观音在人们的心目中就像一叶帮助人们的渡船一样，以其巨大的法力和慈悲心怀时时刻刻慰藉着人们的身体和心灵。此设计以一个"风帆"为主要设计符号，此帆象征观音菩萨的慈航，也象征在人生苦海中艰难前行的我们自己，它以一种向前的动势行驶在寓意着苦海的水景中。水景的周围是一圈圈线状和点状的景观构建，象征小舟在航行时溅起的涟漪和水滴。外围的放射状石条象征阻碍在我们人生道路上的坎坷和障碍。最外围的低矮景墙将该景观空间进行了半围合，隐喻了每个人最难突破的人生瓶颈。

  这些人造的景观构筑物配合水流、树木等自然元素，一起组成了一个现代风格的、颇具梦幻感的冥想空间，人们身在其中，冥想着自己的人生之船在和激流与风暴抗衡。

起伏丘

漫漫长路起伏不能由我，人心波动又见花开花落，桂花香飘过，一如你寂寞，如何如何，情深处都淡漠。

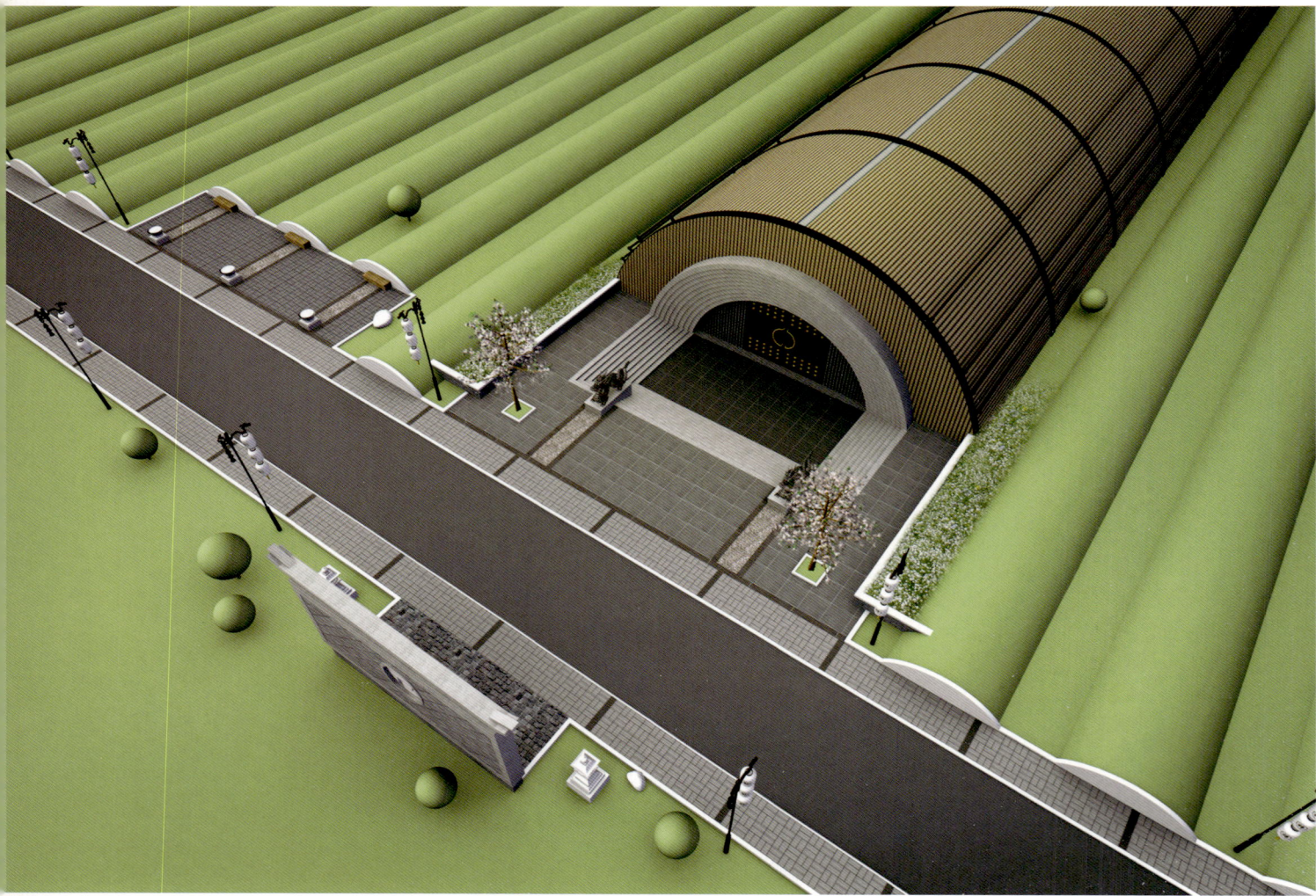

设计解析

　　一时高潮，一时低谷，此起彼伏，几乎所有的事物都逃不掉这样的发展规律。我们每一个人的人生道路也是如此，在不断的跌宕起伏中度过，心也随着自己的境遇时喜时悲。

　　该设计将弧形起伏的小地形阵列起来形成一种连贯的、波浪线式的大地形，弧形建筑打破了原来单纯由地形组成的景观，给整个场景带来了一种变化。该建筑作为一座佛堂，顶部有细长的天窗，门外有保证人流疏散的小广场，马路对面还有一个和大门相对的照壁，门外左右两边的两个青龙雕塑及照壁左右的两个石灯笼加强了建筑和照壁的对应关系。建筑左侧设有一个供人们休息的室外休闲小园地，马路两边挂有灯笼的灯柱形成了一种迎宾和庄重的阵列关系，细节上的大门造型、门洞、地面铺装、花钵等都紧扣设计主题，旨在营造一种素雅精致并具一定韵味的修行空间。

　　从建筑的大门进入建筑内部，看到的景象即如上图所示：一条长长的木栈道架在清澈水面之上，水中漂满了莲花形的灯台，从建筑顶部的细长天窗中透进的天光通过一块白色吊顶漫射进室内，里端的佛堂射出的刺眼光芒，与这个稍显昏暗的大空间形成了一种对比。在这些元素的营造下，水中的木栈道便成了一条从世俗通往佛国净土的"圣道"，当人们行走在圣道之上时，首先感受到的是空间本身给心灵带来的抚慰，随着脚步的行进，心中的杂念一点点消除，等到达佛堂之时，人们便能以一种非常宁静和纯粹的心态来礼佛参禅了。

　　整个设计的室外环境代表着一种动荡起伏，而室内则代表着一种平静和安逸，这种室内外的对比关系又暗示了我们在人生道路上，不管身体和外界事物多么繁杂，但内心一定要保持宁静，只有这样我们才能从容应对生活中的各种变化，让自己在纷繁复杂的世界中一直安稳、顺利地走下去。

风之谷

一切如来语清净，一言具众音声海。随诸众生意乐音，一一流佛辩才海。

—— 选自《学佛者的信念》

设计解析

　　诸佛说起法来，所讲的话都是很清净的，每句话对众生都有益处，所以叫"语清净"。佛陀说的每一句话，都能够具备不同的声音，各种人都能听懂。佛陀说法，没有任何一个人能够辩论胜过他，佛陀是辩才无碍的。

　　该设计的主体是一组放大了的、大小不一的白色佛珠，它们被放置在一堵平面为"S"形围合的景墙之中。这组白色佛珠在声学原理的前提下按照一定的朝向、大小、高低等因素放置在一起，并结合它们周围的墙壁，当人朝着任意一颗佛珠的圆孔喊话时，都可以形成一种悠远、回荡、空灵的声波场，让每一声佛号或者每一句经文都能长时间保留在空气中，以慢慢触及人的心灵深处。在这组白色佛珠右边的景墙上，有一个佛龛，里面竖立着一尊释迦牟尼佛的站像，白色佛珠中的声音与佛祖站像相连通，当大家在白色佛珠的洞口喊话之后，其声音也会从佛像口中发出，最终形成连绵回荡、大气悠远的佛音声场。佛像的右手手印为"施无畏印"，代表除却痛苦，左手手印为"与愿印"，代表给予快乐，寓意大家受到佛音熏陶之后"离苦得乐"。

　　只有纯净高尚的心灵才能发出清灵透彻的声音，也只有清灵透彻的声音才能和众人形成完美的交流，才能广聚善缘，共谱和谐人生。

设计解析

　　一时高潮，一时低谷，此起彼伏，几乎所有的事物都逃不掉这样的发展规律。我们每一个人的人生道路也是如此，在不断的跌宕起伏中度过，心也随着自己的境遇时喜时悲。

　　该设计将弧形起伏的小地形阵列起来形成一种连贯的、波浪线式的大地形，弧形建筑打破了原来单纯由地形组成的景观，给整个场景带来了一种变化。该建筑作为一座佛堂，顶部有细长的天窗，门外有保证人流疏散的小广场，马路对面还有一个和大门相对的照壁，门外左右两边的两个青龙雕塑及照壁左右的两个石灯笼加强了建筑和照壁的对应关系。建筑左侧设有一个供人们休息的室外休闲小园地，马路两边挂有灯笼的灯柱形成了一种迎宾和庄重的阵列关系，细节上的大门造型、门洞、地面铺装、花钵等都紧扣设计主题，旨在营造一种素雅精致并具一定韵味的修行空间。

　　从建筑的大门进入建筑内部，看到的景象即如上图所示：一条长长的木栈道架在清澈水面之上，水中漂满了莲花形的灯台，从建筑顶部的细长天窗中透进的天光通过一块白色吊顶漫射进室内，里端的佛堂射出的刺眼光芒，与这个稍显昏暗的大空间形成了一种对比。在这些元素的营造下，水中的木栈道便成了一条从世俗通往佛国净土的"圣道"，当人们行走在圣道之上时，首先感受到的是空间本身给心灵带来的抚慰，随着脚步的行进，心中的杂念一点点消除，等到达佛堂之时，人们便能以一种非常宁静和纯粹的心态来礼佛参禅了。

　　整个设计的室外环境代表着一种动荡起伏，而室内则代表着一种平静和安逸，这种室内外的对比关系又暗示了我们在人生道路上，不管身体和外界事物多么繁杂，但内心一定要保持宁静，只有这样我们才能从容应对生活中的各种变化，让自己在纷繁复杂的世界中一直安稳、顺利地走下去。

风之谷

一切如来语清净，一言具众音声海。随诸众生意乐音，一一流佛辩才海。

——选自《学佛者的信念》

设计解析

诸佛说起法来，所讲的话都是很清净的，每句话对众生都有益处，所以叫"语清净"。佛陀说的每一句话，都能够具备不同的声音，各种人都能听懂。佛陀说法，没有任何一个人能够辩论胜过他，佛陀是辩才无碍的。

该设计的主体是一组放大了的、大小不一的白色佛珠，它们被放置在一堵平面为"S"形围合的景墙之中。这组白色佛珠在声学原理的前提下按照一定的朝向、大小、高低等因素放置在一起，并结合它们周围的墙壁，当人朝着任意一颗佛珠的圆孔喊话时，都可以形成一种悠远、回荡、空灵的声波场，让每一声佛号或者每一句经文都能长时间保留在空气中，以慢慢触及人的心灵深处。在这组白色佛珠右边的景墙上，有一个佛龛，里面竖立着一尊释迦牟尼佛的站像，白色佛珠中的声音与佛祖站像相连通，当大家在白色佛珠的洞口喊话之后，其声音也会从佛像口中发出，最终形成连绵回荡、大气悠远的佛音声场。佛像的右手手印为"施无畏印"，代表除却痛苦，左手手印为"与愿印"，代表给予快乐，寓意大家受到佛音熏陶之后"离苦得乐"。

只有纯净高尚的心灵才能发出清灵透彻的声音，也只有清灵透彻的声音才能和众人形成完美的交流，才能广聚善缘，共谱和谐人生。

设计解析

一时高潮，一时低谷，此起彼伏，几乎所有的事物都逃不掉这样的发展规律。我们每一个人的人生道路也是如此，在不断的跌宕起伏中度过，心也随着自己的境遇时喜时悲。

该设计将弧形起伏的小地形阵列起来形成一种连贯的、波浪线式的大地形，弧形建筑打破了原来单纯由地形组成的景观，给整个场景带来了一种变化。该建筑作为一座佛堂，顶部有细长的天窗，门外有保证人流疏散的小广场，马路对面还有一个和大门相对的照壁，门外左右两边的两个青龙雕塑及照壁左右的两个石灯笼加强了建筑和照壁的对应关系。建筑左侧设有一个供人们休息的室外休闲小园地，马路两边挂有灯笼的灯柱形成了一种迎宾和庄重的阵列关系，细节上的大门造型、门洞、地面铺装、花钵等都紧扣设计主题，旨在营造一种素雅精致并具一定韵味的修行空间。

从建筑的大门进入建筑内部，看到的景象即如上图所示：一条长长的木栈道架在清澈水面之上，水中漂满了莲花形的灯台，从建筑顶部的细长天窗中透进的天光通过一块白色吊顶漫射进室内，里端的佛堂射出的刺眼光芒，与这个稍显昏暗的大空间形成了一种对比。在这些元素的营造下，水中的木栈道便成了一条从世俗通往佛国净土的"圣道"，当人们行走在圣道之上时，首先感受到的是空间本身给心灵带来的抚慰，随着脚步的行进，心中的杂念一点点消除，等到达佛堂之时，人们便能以一种非常宁静和纯粹的心态来礼佛参禅了。

整个设计的室外环境代表着一种动荡起伏，而室内则代表着一种平静和安逸，这种室内外的对比关系又暗示了我们在人生道路上，不管身体和外界事物多么繁杂，但内心一定要保持宁静，只有这样我们才能从容应对生活中的各种变化，让自己在纷繁复杂的世界中一直安稳、顺利地走下去。

风之谷

一切如来语清净，一言具众音声海。随诸众生意乐音，一一流佛辩才海。

—选自《学佛者的信念》

设 计 解 析

    诸佛说起法来，所讲的话都是很清净的，每句话对众生都有益处，所以叫"语清净"。佛陀说的每一句话，都能够具备不同的声音，各种人都能听懂。佛陀说法，没有任何一个人能够辩论胜过他，佛陀是辩才无碍的。

    该设计的主体是一组放大了的、大小不一的白色佛珠，它们被放置在一堵平面为"S"形围合的景墙之中。这组白色佛珠在声学原理的前提下按照一定的朝向、大小、高低等因素放置在一起，并结合它们周围的墙壁，当人朝着任意一颗佛珠的圆孔喊话时，都可以形成一种悠远、回荡、空灵的声波场，让每一声佛号或者每一句经文都能长时间保留在空气中，以慢慢触及人的心灵深处。在这组白色佛珠右边的景墙上，有一个佛龛，里面竖立着一尊释迦牟尼佛的站像，白色佛珠中的声音与佛祖站像相连通，当大家在白色佛珠的洞口喊话之后，其声音也会从佛像口中发出，最终形成连绵回荡、大气悠远的佛音声场。佛像的右手手印为"施无畏印"，代表除却痛苦，左手手印为"与愿印"，代表给予快乐，寓意大家受到佛音熏陶之后"离苦得乐"。

    只有纯净高尚的心灵才能发出清灵透彻的声音，也只有清灵透彻的声音才能和众人形成完美的交流，才能广聚善缘，共谱和谐人生。

秋之屋

云驶月运，舟行岸移，境实不迁，唯心妄动。

设计解析

　　归隐文化是中国封建社会在文人之中产生的一种特有文化现象，这种远离人群、寄情山水、与自然山水为伴的情怀，不但是古代文人所追求的，也是我们当代大多数久居城市之人所追求的。

　　图中所显示的环境是一个秋日里静谧、清凉的湖岸。一座雅致的小木屋搭建在湖边，木屋前的亲水平台分为两层，连接着房子和水面，欲远离城市和喧嚣的人们可以寄居在此，感受天水一色、风雅超脱的自然生活。该场景中的云与月、舟与水、风与鸟这些外在自然元素是动景，而水岸、树木、房子和木平台等却是静景。这两者之间的辩证关系，隐喻了大千世界里万物的客观真相。

　　这样的一座木屋首先是我们身体逃离城市和人群后的一个寄居之所，同时也是我们在无奈之中返回城市时自我本心的一个寄托之所。若这个世上真没有了自然山水、没有了清净和纯粹，那我们的本心又将在何处安放？

牌 位 亭

父母师长，六亲眷属，历代先王，同登彼岸。

设计解析

在现今社会，许多普通民众都会将自己亲人的牌位供放在佛寺之中，希望得到僧人长期的诵经与超度。而在每次佛寺超度法会开始之前，都要书写许多新的牌位。这种看似简单的工作实际非常烦琐，所以该作品设计了一个在此时专门书写牌位的亭子，以方便此项活动的顺利进行。

此牌位亭的4根柱子为钢结构，顶面为木质构造，柱子与顶板用钢筋连接件连接起来。钢筋连接件的下端挂着几个红灯笼，亭子下部为一木质地台，书写牌位的桌子由深浅两色的木材组成，书写好的牌位被暂时挂在亭子后方的墙面上。亭子右边为一抽象化了的钟塔，钟声伴随着僧侣们的诵经之声一起超度着那些已经逝去的灵魂们。

这种风格的牌位亭因为其形式简洁、现代、抽象，风格素雅大方，故也可作为公共空间的景观亭，旁边的抽象钟塔也可改变为普通的标志柱。真正的佛教没有固定不变的教法，因为它圆润贯通，涵盖万物真理，而真正好的设计也没有固定的用法，在稍加改变之后就可以用于更多的地方，这一点是与佛教圆润贯通的教义相呼应的。

灵山意境

繁华声，遁入空门，折煞了世人。梦偏冷，辗转一生，情债又几本。浮屠塔，断了几层，断了谁的魂。痛直奔，一盏残灯，倾塌的山门。雨纷纷，旧故里草木深，我听闻，你始终一个人，伽蓝寺听雨声盼永恒。

——方文山《烟花易冷》

设计解析

　　佛教中的灵山指的是印度的灵鹫山，据经典记载，佛陀悟道后游化古印度各国的时候就住在灵鹫山中。灵鹫山的山顶东西长，南北狭，山中园林优美，佛陀和他的弟子们一起住在这里，一起讲法修行。

　　该设计便是灵山的山门，也是我们跨入胜界的大门。设计的主体是一个有着大斜屋面的牌坊，全部采用实木的卯榫结构。牌坊的体量较大，整体粗犷但同时具有雅致精巧的细节，其斜屋面层次丰富，也便于下雨时的排水。牌坊下左右两边设有供人休息、观景用的"美人靠"，前边的柱子上篆有"佛在心中莫远求""灵山只在汝心头"的对联。牌坊的前边有两个造型和牌坊屋顶相呼应的铜质灯笼。牌坊最前边靠近马路的地方立有一块刻着"境由心生"的景石，提醒人们不要有太强的分别心，境遇的好坏大多都是由自我刻意分别出来的。远处山上的浮屠塔和小牌坊竖立在烟雨中，与山下的牌坊遥相呼应，一起构成了一个由凡入胜的朝圣序列。

　　如果真是"境由心生"的话，那么眼前这个从我们心中生出来的灵山山门，到底是真还是幻呢？

灵山意境

浮舟亭

千江有水千江月，万里无云万里天。

设计解析

　　水是水，月是月，因为江中有水，所以就自然映出了天上的月亮；云是云，天是天，因为万里天空没有一片云彩，所以高远开阔的天空就自然地显现了出来。此设计是一座湖面中央的人工小岛，用现代的结构和素朴的材料构成，现代主义的构成方式营造出了一种另类的、与传统意境相结合的空间感受。人们在此小岛上喝茶或观景，尽享自然的山水一色，更可以欣赏开阔的天空和平静如镜面的湖水。坐于小岛之上，对着天空和湖水进行思考、冥想，借鉴天空的干净和湖面的平静来洗涤心灵。当然要到达小岛最多只能两人，那种划着独木小舟在平静湖面中游走的状态又何尝不是一种超脱的体验呢？

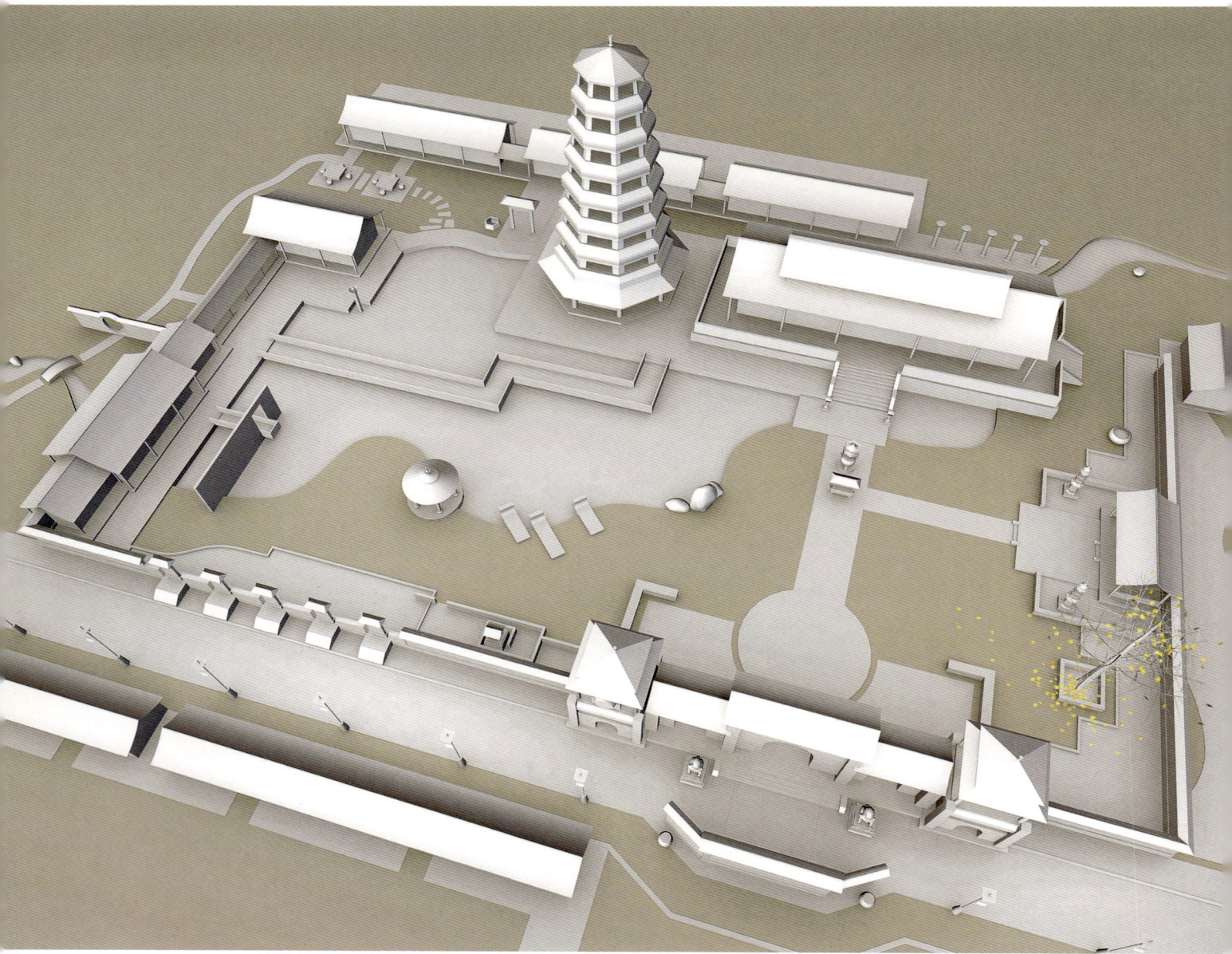

小寺院设计

宝刹广庄严，妙法藏万千，回游悟正法，彻见山外山。

设计解析

该设计为一小型佛寺的详细性规划设计，布局紧凑、各空间结构穿插巧妙是其最大特点。此佛寺中的建筑和景观元素都围绕着中心位置的佛塔和湖区展开，这遵从了中国传统佛寺中以塔为中心的规划特点。

该寺山门的左右两侧是钟楼和鼓楼，鼓楼的左侧是一排刻有佛教经文的石碑，山门前有两尊石狮，门外正对着山门的是一组照壁，用于遮挡视线和丰富景观层次。进入山门后首先是入口区的休息空间，人们可在这里休息整理，做好礼佛朝拜的准备。顺着山门大道一直往北便是该寺的中心建筑——大雄宝殿。大雄宝殿坐落在较高的基础之上，双层飞檐，气势恢弘。大殿右侧为戒坛，为修行者举行受戒仪式之用；左侧是该寺的中心建筑——七级佛塔。佛塔的左前方为禅堂和五观堂，佛塔后方属于僧人们住宿和生活的寮房区，大殿右侧围墙的外角是佛寺中的卫生间，即"解忧室"。

该寺中心的大院落是本节所要介绍的重点，由多个建筑围合而成，众多的建筑和大面积水景及诸多的景观节点构成了该院丰富的看点和趣味性，如临水的圆亭、水边三组象征渡船的亲水平台、水岸边由两块石头组成的"师徒石"等，节点虽小但妙趣横生，且都具有很贴切的佛教寓意。该院落中心水域中的水和外界的河道相连接，水面上的曲桥将七级佛塔和禅堂相连接，禅堂东侧的一堵景墙从水中伸出，为禅堂中静坐修行的人们阻隔了外界的纷扰。院落东边戒坛南侧的一棵古槐是寺院的中心景树，支撑起了整个院落的气韵；院落南墙下的唐山水景观又和中心水景形成了干与湿、枯寂与鲜活的对比效果，引起人们对生命不同形态的思考。站在院落中，最外围丰富的建筑样式及变化多端的天际线从立面上给人们带来了巨大的视觉美感，中心水景及其周围的景观节点又从平面的效果上丰富了视觉，并通过景观本身独特的妙趣弥补建筑的不足，最终形成一个大气磅礴、雅致丰富和极具空间趣味的佛寺院落空间。

该院落注重建筑和景观对佛寺空间的营造，将诸多的建筑形式和景观符号有机统一起来，整个院落空间紧凑而生动，雅致并充满意趣，以小见大、小筑大成。

中国门

设计解析

有偈语称"法身舍利偈"，其意是说一切事物或现象的由起，都是与它周围有关的事物或现象互相关联、相依共生的，如果构成事物的关系和条件不存在了，那么各种关于此事物的理论都失去了意义，也就不复存在了。

如图中所示的花门扇、龙头灯笼、太湖石等在古建筑中广泛运用的元素能被保留和传承至今，定有其发生和发展的原因。作为现代设计师，受中国传统建筑文化的影响，对传统的建筑符号有一定的感受和认知，但同时也受现代工业文明的影响，喜好现代主义的设计。如何将两者的风格更好地进行融合，便是此设计的初衷。该设计提取了中国传统建筑和环境中的花门扇、大红灯笼、太湖石、石雕等几大元素，将它们用一堵景墙有机地联系在一起，作为主体的4扇花门都设有转轴与地面和门洞上部的过梁相连接，旋转自如，加强了人的参与性与体验性。此门扇整体用钢结构制成，可以饱受环境侵蚀并经久耐用。门扇景墙与远处的另一堵传统风格景墙既区别又有联系，总体上形成了一种古今对比的效果，而周边的各种花草、置石、乔木和石灯笼等则给景观实体营造出了一派春色满园的江南园林景象。

传统建筑和园林的保留传承或创新变革一直是设计界讨论的话题，但不管怎样，一切的理论探讨与发展实践都应依据其客观的因素，随机缘而定。

独立清秋

设计解析

一棵树在经历了多年的生长之后，在秋天这个丰收的时节里绿叶落尽，茁壮高大的躯干显现出来，可用作建房筑桥的栋梁之材。而作为一个普通的凡人，在善念生起的那一刻，他就具备了佛祖的圆满德行。

为了纪念秋天，笔者从接触到的项目出发，引申出了这一个三部曲式的"独立清秋"小系列。该系列的共同点是以秋天的浓艳景色为主，营造一种雅致细腻、天高云淡、色彩斑驳的清秋场景。在每一个设计中都有一棵高大的主景树，处在最显眼、最关键的位置，而且都在水边，以一种风华浊世的姿态独立于空旷、高远的秋色之中，其下倒影朦胧，而主体又有一种竖直冲天的动势。

独立清秋的大树是每一个场景的主体，是场景的"龙眼"和"灵魂"所在。树相对于人，它以另外一种生命形式存在，当我们看到落叶纷飞的场景时，是否能领悟到"树秋叶落即为木，人善念生便成佛"的真实含义呢？

曲水流觞

秋风吹叶叶影浮动，曲水流觞伤情徘徊。

设计解析

  曲水流觞本为永和九年（公元 353 年）晋代著名大书法家王羲之与其友人谢安、孙绰等 42 人在一起举行的一种饮酒赋诗的活动。当时，王羲之等人在兰亭清溪两旁席地而坐，将盛了酒的觞放在溪流之中，觞即由上游浮水徐徐而下，经过弯弯曲曲的溪流，据说觞在谁的面前打转或停下，谁就必须即兴赋诗并饮酒。因这一活动风格清新脱俗且儒雅至极，故此被后来的文人们广为效仿。

  该设计中的场景即根据"曲水流觞"这一历史典故而来，设计的主体是一座酒亭，酒亭的后半部分为煮酒房，我们可以看到煮酒的袅袅炊烟从屋顶升起。酒亭的前半部分为一开敞形的品酒处，白墙青瓦、木制结构的屋顶、白色素雅的灯笼、风铃、挂画、木制落地灯、石桌、坐垫等元素构成了这一幽雅宁静的品酒之地。在入座之前，大家可在品酒处右边的洗手钵下净手。酒煮好之后，便被放到了品酒处前面蜿蜒的溪流之中，酒壶随着溪水一起飘动，从胡杨树脚下流过，然后穿过一座木制的小拱桥，再经过一个铸铁的黑色石灯笼和几块置石，最后到达品酒处跟前枯山水旁边的一个转动回旋的地方，这时酒壶被人们拿起放到石桌之上，一场友人之间品酒论道、吟诗作赋、纵情而歌的交流即将开始。

  本设计营造了一种许多文人墨客心目中超脱世俗的旷野之美，这种意境静谧幽玄而略带萧瑟、清雅超脱而稍显冷清，让人有一种恍如隔世之感。在这里往往会"酒不醉人人自醉"，依稀朦胧中大家是否窥见了自己真实的内心和原本明净的本性？

水月空门

莫向空门悲物理，从来吾世有沧桑。酣歌且卧芙蓉级，明月相携照十方。

——张佳胤

设计解析

佛教教义认为世界的一切从某种角度来讲都是空的，并以空法作为进入涅槃之门，而且在大乘佛教中以"观空"的行法作为佛教初修者入门的一个重要标准。对于"空"这个概念的准确理解应该是：一切的世间事物都是因为一定的机缘巧合而产生，而产生的这些事物又都处在变化当中，随着时间的推移，许多事物可能会变得面目全非，所以世间的许多事物就显得有些虚幻不实了，这就是所谓的"空"。

根据"空门"概念的具象化，此设计营造出了一个意境空灵的无墙之门，此门算是远处小岛上小佛寺的山门了。相对于普通的佛寺而言，此山门显得小巧和简朴了许多，以榫卯结构为主，除和小型佛寺的规模相呼应外，同时也是为了迎合佛教追求本真素朴的教义。从形式上来讲，此门为纯木结构，相对于普通古建筑来说，屋顶部分较大，下面较小，这种上大下小的对比是为了增强建筑的秀美和体量的轻盈之感。在细节上，此门有柱、大梁、小梁、屋脊、椽子、飞檐、风铃、门槛等，另外在前后左右4个方向都有伸出的结构，这样可以扩大建筑地基的面积，增强建筑的稳固性。在建筑前端延伸部分的木结构顶端还添加了两个木灯笼，以做装饰和夜间照明之用。建筑的前端由汀步石连接着大路，两边的置石与野草给建筑带来了一丝野趣与空灵。门旁停泊的小船作为交通的工具，担当着山门和佛寺之间的交通重任。

可能读者不太明白，这个山门的旁边为什么没有围墙呢？按照正常的逻辑思维，一旦没有了围墙，那么大门的意义也就不大了，然而在此作品中，此门的最大意义是象征了一个在自省、自律前提下的空门。在佛教教义中，讲求戒律的重要性，以戒律作为自己的老师来约束和规范自己，所以此门虽没有实体的围墙，但是有佛教戒律法性的围墙。出家的僧人和礼佛的信众在佛教戒律的约束下自觉穿入此门，这种自律的行法既表示了对佛法的尊重，同时也是从戒律的角度对自己修行的一种检验。

现今社会法律的约束范围比较宽泛，但在许多情况下，我们自身需要法律以外的东西来约束，比如社会舆论、道德、信仰等。正确、积极、健康的价值观可以指导我们的言行举止，让我们朝着更加光明的目标前行。

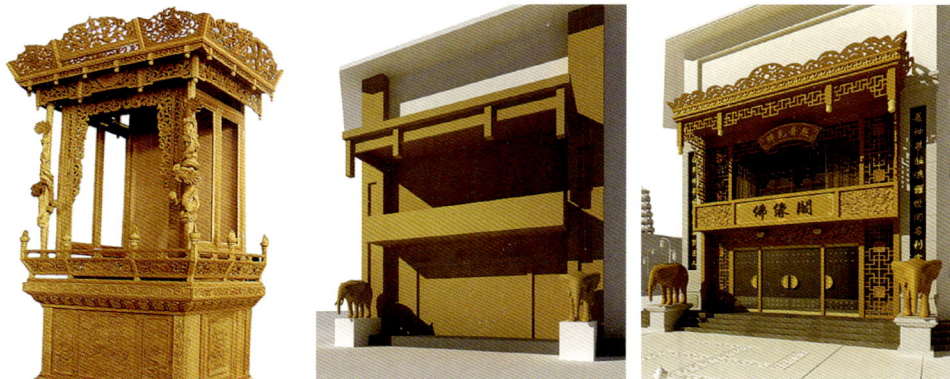

佛缘阁

你我相逢即有缘，面带笑容结人缘，你对我错相惜缘，果报好坏皆因缘，慈悲喜舍行佛缘，明心见性结圣缘。

——选自《佛说无量寿经讲记》

设计解析

佛缘阁为一供佛界人士交流学习和售卖高档佛教用品的综合会所，所以其大门的设计必须具有典型的佛教性质，且显示出独特性和高尚性。

此佛缘阁大门设计的灵感来源于其内部售卖的木质佛龛，这种佛龛一般由高档木料纯手工制作并雕刻而成，具有极强的艺术欣赏和收藏价值。大门的整体形态和细节构成都和木质佛龛相似，但在纹样细节、尺度关系和形式上有所变异，将室内佛龛的形态进行了外部化的改造和提升。守候在大门两侧的是佛教中比较尊崇的动物——大象，它是佛教的图腾和代表，轻易便和门口立有石狮的普通大院区分开来。

佛缘阁的大门设计以佛龛为设计原形，设计中对其进行了变异和室外提升。此设计让这个大门在不失佛教意蕴的前提下，也达到了形象新颖的设计效应。

归元草庭

佛法说，世间一切法，皆共成佛道。径流百千条，同归妙菩提。这即是所谓的"万法归一"。

设计解析

　　该设计场地为一块较大的绿地，4条水系从4个不同方向流入绿地中心区的木亭下部。木亭下部的景石代表着佛教宇宙观中的世界中心，即"须弥山"。4条水系的流入代表着万种法门的归一。最上面的一条水系从北边的山峰上落下，跌落的瀑布形成了一道水帘，水帘和它右侧的平台及一棵红枫树组合营造出了一个静坐参悟的绝佳场所。右下角水系源头是一个涌泉，该涌泉从冰裂纹铺装的硬质小广场中涌出，这种冰裂纹形的广场和座椅与它所处的绿地相配合，形成了一种天然、模糊的空间方位感。右上角和左下角的水系分别从场景外围的某个地方流入，设计中对这两处水系的源头没有做太多强调，以和其他两处水系形成主次的对比关系。在细节上，整个大场景中点缀了许多具有高度空间情趣感的景观元素，如不同造型的汀步、石灯笼、标志牌、竹子制成的篱笆、石磨盘、庭院灯、置石、罗汉松及其他不同姿态的小乔木等。这些小的景观元素丰富了景观场景，富有层次感。

　　当我们坐在最上面的白色观景平台上观景冥想之时，我们是否能从这潺潺的流水中窥见自己心中的法性呢？又能否坚守住自己的法门，从一而终地走下去，最终成就自己的圆满智慧呢？

包豪寺

"包豪斯"是德语Bauhaus的译音，由德语Hausbau（房屋建筑）一词倒置而成，是德国魏玛市的"公立包豪斯学校"（Staatliches Bauhaus）的简称，它的成立标志着现代主义设计的诞生，对世界现代设计有着深远的影响和意义。

包豪寺 A

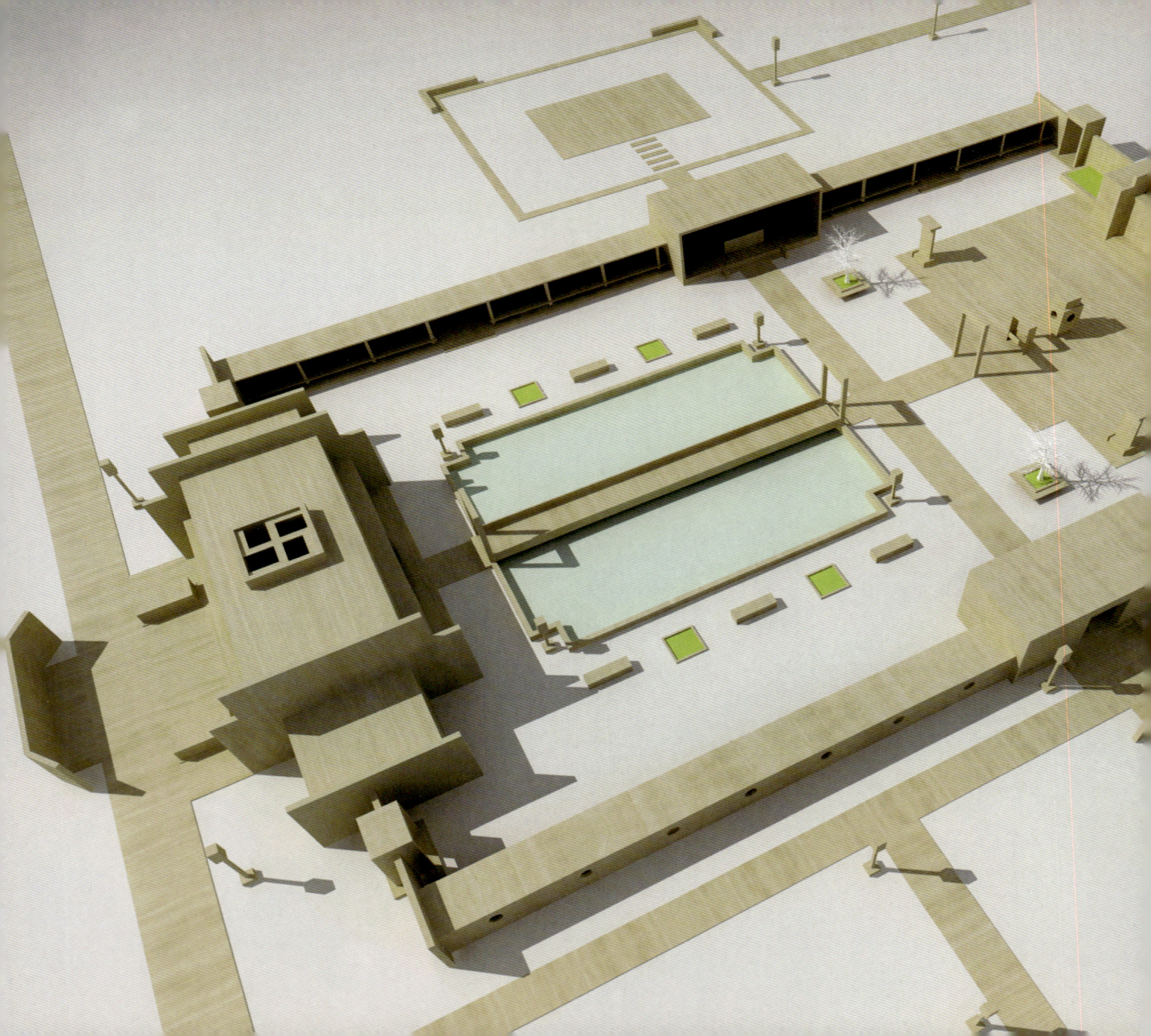

设 计 解 析

　　此次设计中两个作品的名称，取"包豪斯"的音，将"斯"改为"寺"，即"包豪寺"，意在说明这两座佛寺的设计沿袭了现代主义设计的风格，用解构和重组的手法重新诠释了原本飞檐斗拱的传统佛寺建筑。

　　包豪寺 A 中用佛寺建筑围合出了一个较大的院落空间。该院落属于进入山门的第一个空间，中间有一宽阔的水景，一座平桥横跨其上，水景的正对面是大雄宝殿，一个大大的"卍"字形符号立在大雄宝殿建筑前额，钟楼和鼓楼立于大雄宝殿的左右两侧，水景左右连接钟楼、鼓楼的是两排偏殿。包豪寺 B 中用前后两个大殿和左右两边的连廊亦围合出了一个较大的院落空间，院落中也有一个矩形水景，一座横跨水景的平桥是前后两个大殿主要的连接通道，在后面大殿的前方有较为开阔的场地，这里是人们礼佛烧香和朝拜行礼的空间。在细节上，这两个设计都以树池、座椅、庭院灯、香炉、石碑、石灯笼、钟架等小元素丰富了空间，这些小元素与大的佛寺建筑和院落空间形成了对比，将浓郁的空间情趣囊括其中。

　　这两座"包豪寺"设计的最大意义在于提出和传达一种不同于传统佛寺建筑的、现代主义模式的佛寺建筑，旨在提醒人们对于传统建筑的认识和继承不应过分迷信其外在的形式，把握传统、经典建筑的意蕴和精神才是本质。对于佛寺建筑而言，即如悟因法师所讲的一样——"运用现代的建筑材料和形式去呈现朴实的内涵可能更胜于装饰性的雕琢和单纯的延续与模仿，一个真正令人感动的、宁静无华的空间应比一座琉璃飞檐的殿堂更能成为心灵的依归之处"。

坛城

设计解析

坛城，藏语称作"吉廓"，它源于古印度的密宗修法活动，当时人们为了防止"魔众"的入侵，修密法时就在修法场地上修筑起一个土坛，土坛以立体或平面的方、圆几何形为主，并塑（或绘）以神像法器，表现诸神的坛场和宫殿，比喻佛教世界的结构。人们在土坛上修法，邀请过去、现在、未来诸佛亲临作证，并在土坛上绘出他们的图像，由此构成了后世坛城的基本框架，演变出多种形式和类别。坛城作为象征宇宙世界结构的本源，是变化多样的本尊神及眷属众神聚居处的模型缩影。

该设计是现代模式下的新坛城，它延续了传统坛城方、圆结合的构成形式，并配以灯光、座椅、建筑小品、植物等，形成了一个绚烂、端庄且具有超强"仪式性"的景观空间。

设计的中心是一处三级台地，台上有一座方亭，上、下、左三个方向各有一个圆形灯柱，台右方是一条连接外围空间的道路，道路边上的座椅、石灯笼、矮景墙、景观树等多种元素丰富了整个道路景观。坛城外围用大小不一的白色自然石围合成了一个圆环，圆环外侧有高大的乔木环绕。这些外围的石块和乔木将坛城包裹在其中，再配以灯光的渲染，最终形成了一个神秘幽深且有极强仪式感的空间。

这里是象征性的神佛居所，也是我们进行自我洗涤和调养心灵的场所，也许来到这里的，不管是佛还是人，都会生起一种为民众奉献的慈悲心怀吧？

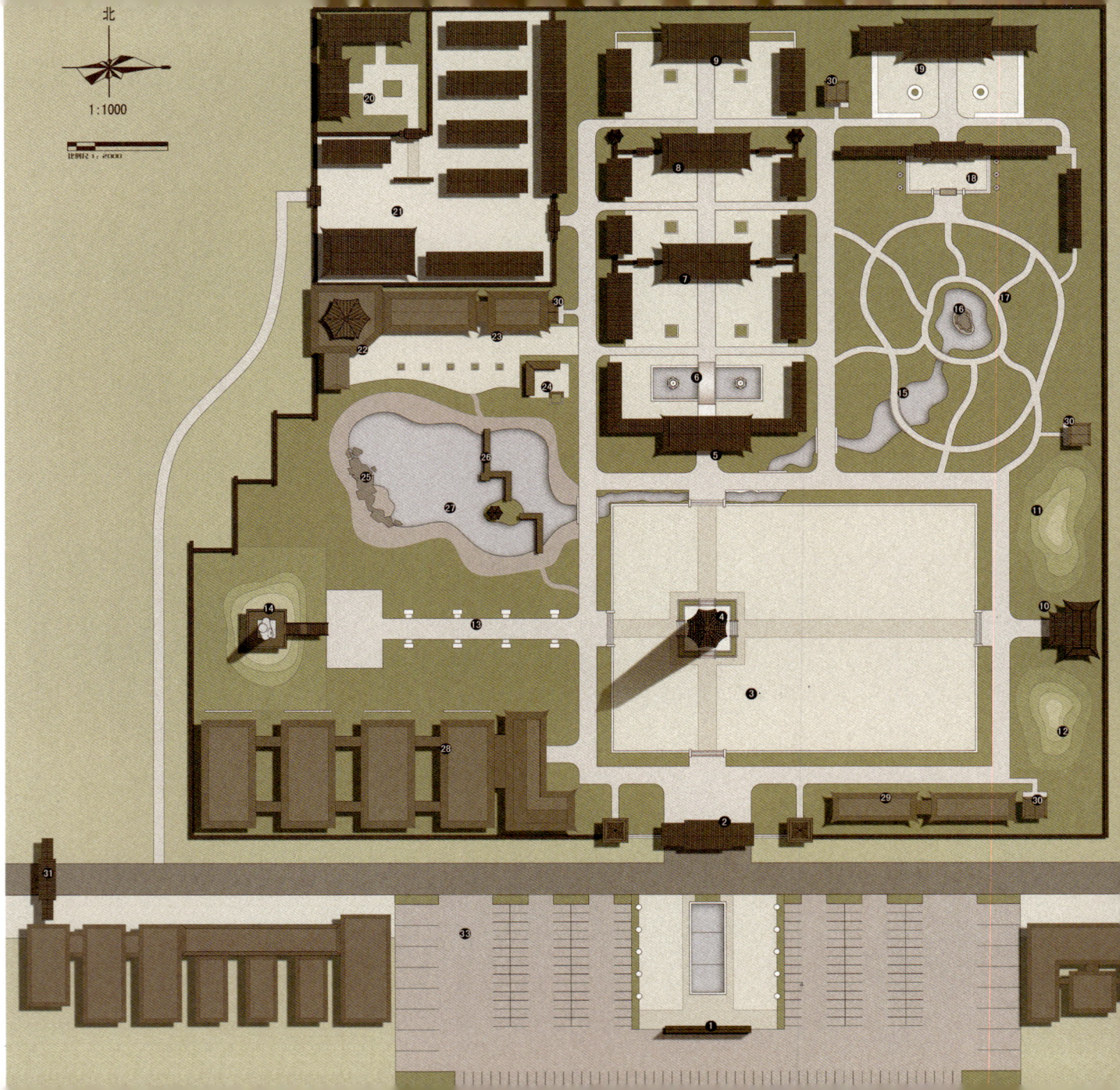

纪念性佛寺规划

设计解析

　　该寺的规划设计以传统佛寺礼制为基础，结合现代景园的构成手法，着重表达祭祀地震死难者的主题，集佛事、游园、祭祀哀悼于一体。

　　①规划框架。该寺以一点两轴六区为规划框架，一点即"死难者纪念塔"，寺院中轴线和祭祀往生的轴线在此交汇。死难者纪念塔是两条景观轴线的交汇点，也是寺院的中心，在中国传统佛寺的发展初期，也是以塔作为寺院中心点的。六区即大殿区、游园区、僧住区、水景区、祭祀区和待客区，此六区相互穿插关联，集功能性和游赏性于一体，有机环绕在纪念塔周围，组成了一个向心和发散的网架。

　　②规划主题。运用佛寺礼制的手法，达到对死难者的纪念和超度是此规划的主题，而纵横东西的往生轴线则很好地表达了这一主题。该规划的亮点在于从东到西的祭祀序列，人们首先在东头的牌位阁找到需要拜祭的纪念者，然后在牌位阁两边的阴阳山上捧土，死难者若是男性则从阳山取土，若是女性则从阴山取土。

手捧鲜土走上祭祀广场，在死难者纪念塔下环绕三圈，以示对佛祖的尊敬和对死难者的缅怀，接下来通过往生大道，最后将土堆到阿弥陀佛站像的脚下。佛像脚下的土从无到有、从小土堆到大土堆的过程表现了人们对死难者永远的、执着真心的怀念。最后再到佛像下叩拜祈愿，让死难者得到阿弥陀佛的接引而往生极乐。至此，一个参与性、故事性、序列性极强的祭祀过程完美结束。另外，这一祭祀轴线旁边的"放生池"和"六道轮回园"两个景点也带给了人们对于死难者重生的希望。

　　该寺的规划除了主体建筑之外，还着重考虑了景观方面的营造及其他服务设施的配套。以放生池为主体水景区，以六道轮回园为主体游园区，并通过一条水系有机连接在一起。此外还设置了游客接待中心、大型停车场、素食坊等解决祭拜者和游人的吃、住、行难题，这样的设计能使人们在祭祀礼佛之外也能领略幽美雅致的佛寺园林之美。

自在园

设计解析

　　此作品为一住宅区中的广场设计，通过大的高低落差形成了跌水的瀑布景观和台地景观，再通过假山、木亭、座椅等小的景观元素来丰富整体空间。

　　广场上部转角处有一组向下通往广场的"L"形踏步，踏步右下方的台地上有一座圆形木亭，作为休息和观景之用。木亭下方圆形树池中的一棵山桃树是此区的主景树，摇曳的枝叶带动了整个景观空间的气韵。踏步左边是一组跌水景观，跌水下方的水池中有五组像鱼一样的扁平石块，这五组石块象征了"色、受、想、行、识"五意。在广场的左下角有一组人工堆丘，土丘的侧面都用砖石加固起来，形成了类似于梯田的层次感，土丘上有一块大的卧石，象征了一个不动的卧佛。地面铺装以45°斜角的形式和踏步入口相呼应，黑色石条和木质座椅相组合构成的休闲椅顺着45°斜角的地面铺装排布，整体形成了一种向心的动势，增强了整个景观的向心性和整体性。广场右下角的标志牌上有整个广场设计意境的文字介绍，右上角马路对面的拐角处有一个简单的小型休息场地，这和大广场形成了一种遥相呼应、大小相依的子母关系。

　　因为此设计形体简洁、抽象、现代，能和许多普通性质的景观场地相结合。从本质上来说，真正的佛法就应融入平实的生活，而真正成熟的禅境景观也能和普通的城市景观体系相通。因为此居住区景观中有禅意的引入，所以当左邻右舍在此休闲聊天时，感受到的是树林、池沼带给他们的自然美感，还有流水花木所演绎出来的智慧与灵性。

祭佛台

绕塔三匝，当愿众生，所行无逆，成一切智。

——选自《密集金刚》

设计解析

绕塔指的是由右向左旋绕佛塔,与"绕佛""绕山"同义,皆表示对佛菩萨们的恭敬与仰慕,并祈求佛菩萨给自己降下吉祥如意。

此祭佛台也是以佛教"卍"字形为母体而得来的,该设计首先将"卍"字形进行了竖向拉伸,拉伸出的实体内部形成了室内的商业空间。"卍"字形的内凹部分形成了台级踏步,顶部的正中有一尊释迦牟尼佛坐像,其基座为一小型的叠水装置,潺潺的叠水代表着佛法中所蕴藏的如海智慧。此立体"卍"字形佛台的四边中段都设计了一个凸出的、如同景墙的部分,并在其顶部设置了5盏圆形射灯,夜晚这20盏射灯的灯光将同时从前后左右4个方向射向佛祖坐像。佛台的边上设有一圈黑色圆钢制成的简洁栏杆,保证了人们的安全,外围的四堵侧壁上还设有金属字体、标志牌、座椅、玻璃门、木质花箱等功能性和装饰性的设计。

此祭佛台整体造型中正大方、凝重素雅,人们在台下可以进入室内参观和购买佛教纪念品,走上台去可以绕佛三圈,增添自己的智慧与福报。

钟楼院

设计解析

　　钟楼是一般佛教寺庙中很重要的一种建筑形式。根据不同的情况，有的钟楼建在佛寺山门的正左边，有的则向内靠，建在佛寺中靠近山门的前半部分。有的钟楼建筑高大雄伟、气势不凡，有的则低矮轻巧、重在其意。在许多名刹古寺中，高大的钟楼增添了寺院的威严，而圆润洪亮、深沉清远的钟声，也被注入了"惊醒世间名利客，唤回苦海梦迷人"的佛教含义。寺院的钟依其用途分为梵钟与唤钟两种。梵钟，又称大钟、撞钟、洪钟、鲸钟等，悬挂于钟楼上，用于召集大众，或做朝夕报时之用；唤钟，又称半钟、小钟，吊于佛堂内的一隅，其用途在于通告法会等行事的开始，故也称"行事钟"。钟是佛教寺院里的号令，《百丈清规·法器》中说，"大钟丛林号令资始也，晓击即破长夜，警睡眠；暮击则觉昏衢，疏冥昧"。无论是召集僧人上殿、诵经做功课，还是日常的起床、睡觉、吃饭等无不以钟为号。清晨的钟声是先急后缓，警醒大家，长夜已过，勿再放逸沉睡，要早起抓紧时间修持；而夜晚的钟声是先缓后急，提醒修炼人觉昏沉，疏冥昧。寺院一天的作息，是始于钟声，止于钟声，说话听声，锣鼓听音。同样的钟，以不同的心态去敲击，产生的效果迥然不同。

　　钟楼的功能性一为放置吊钟，二是让吊钟处于高处，以便让钟声传播得更远。所以此钟楼院的设计，抓住了钟楼的重点，只取其意，而抛却了原来传统楼阁的形式，以纯粹、现代的金字塔型来代替，优美的钟架置于钟塔顶部，塔身内部形成的室内空间又可以有其他功用。阶梯状的钟塔是该院落的主体，钟架置吊钟于塔顶，吊钟处于高处而四面开阔，这有利于钟声传播得更远，更可以让吊钟成为该院落的视觉中心。塔脚下有一圈环塔的道路，用于信众们绕塔行走的法事活动。道路外侧有低矮的地灯用于傍晚照明，方格形的道路四角设有扩音的装置。钟塔正前方的入口前有两组石灯笼，石灯笼的前方设有两块休息的场地，场地上各置三组座椅，便于人们闲坐观景。场地的外侧有一个造型雅致的木牌坊，作为正式进入钟楼区的标志。钟塔周围以绿地和小乔木来环绕，最外围的建筑和亭廊以向心的动势排布，相对于钟塔形成了众星拱月之势。

　　该钟楼院设计的创新意义在于运用现代主义的手法重新诠释了佛寺钟楼的概念，并集楼和塔的概念于一体，再加上完善的功能和丰富的空间构成，让钟塔成为一个新鲜和现代的佛寺建筑形体，其向上和向四方扩展的张力再加上新颖的外观足以成为一个令人欣赏和回味的景观焦点。

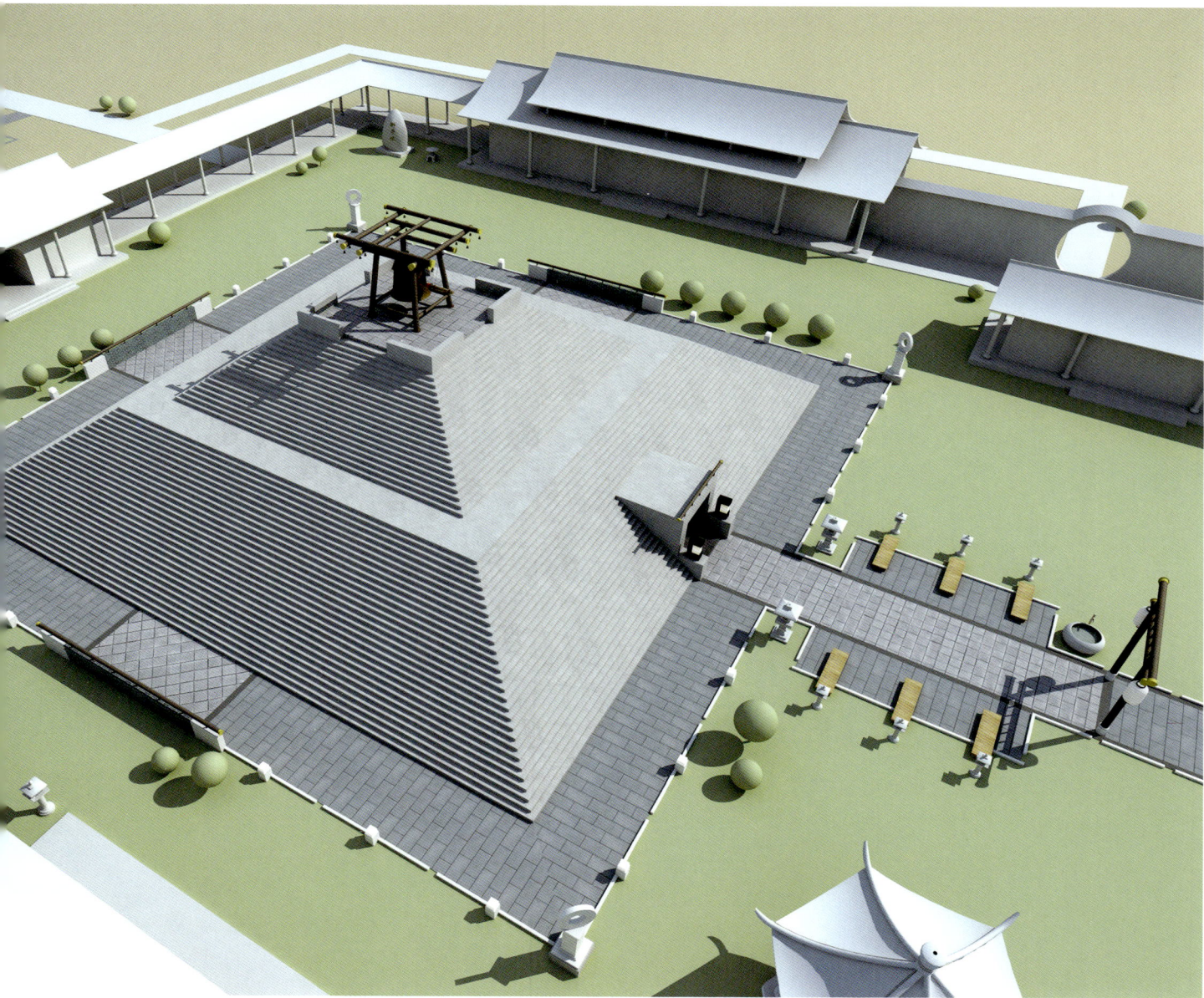

校园 广场

设计解析

此校园广场的设计秉承了禅境景观一贯素朴雅致、规整大方的设计风格，将两个大的正方形体进行了角度方面的旋转和错位，组合出大的空间关系。广场外围右下方的三角地上设置了人工水池、水钵、步石、防腐木铺地等；左下方的三角地上设有3个狭窄入口，为通往广场中央的三条小道。此三角地上也设置了休闲椅、庭院灯、标志牌、步石等景观元素。广场左侧依照实际地形设置了观景的看台和方便上下的踏步，踏步上侧一排庭院灯的灯头朝着不同的方向，显示出一种左顾右盼的

拟人动态，表现出大学生青春活泼的一面。

整个广场以白色广场砖、灰色广场砖、防腐木等素雅材料为主，大面积的硬质铺装方便学生晨练和举办文化活动，外围的绿色植物使硬质广场形成了很好的围合效果。广场外围马路对面报刊栏的设置方便了学生们在锻炼之余了解到更多的时政信息。

此设计是禅境景观和普通空间相结合时，向校园文化景观方面延伸及应用的一个尝试性设计，显示出禅境景观设计方面的变通性。

洗身院

洗浴身体，当愿众生，身心无垢，内外光洁。

——选自《华严经·净行品》

设计解析

　　《华严经·净行品》中说，当我们洗浴身体的时候，应该通过自己的意念、忏悔和观想，将自己心灵上的污垢和身体上的污垢一同除去。

　　这是一私家院落中的汤池，主要供主人休闲洗浴之用。该设计以白色为统一基调，简洁的形体构成营造出了浴棚、阳光平台、花池、"九山八海"石组等节点，同时再配些简单的瓦罐、躺椅、竹子、蕨类植物等，最终形成了一处简洁静谧、脱离尘世的洁净之所。

　　在阳光灿烂的午后，我们可以慵懒地半躺在浴池里泡澡，也可以在平台的躺椅上感受阳光，或者坐在屋中木地板的草席上欣赏庭院的景色。看着浴池中水的波光粼粼，看着竹叶飘摇，听着浴池入水口处流出的潺潺水声，还有近处的草地和置石、远处的蓝天与白云，心情豁然开朗。

　　这所有的一切无不在演绎着高洁、微妙的法音，向我们诠释着真善美的真谛，在这样的环境里我们除去一身的污垢之时，内心是否也能或多或少地放下一些贪、嗔、痴呢？

会呼吸的房子

一日，弟子问佛，人生有多长，佛曰："人生只在呼吸间。"

设计解析

人生的长度到底有多长呢，它只存在于人的一呼一吸之间而已。呼吸是我们生命长度的一个衡量尺度，同时又是我们维持生命而必须保持的一种身体机能和运动形式。在现今流行的建筑设计观念中，呼吸也代表着建筑的生态性、绿色性和环保性。

从佛祖的言论中抽出的"呼吸间"即是该设计的理念来源和形象描述，"会呼吸的房子"则是该设计结合当代建筑设计思潮而形成的设计定位和主题。该设计的最大特色有三：一是将绿色植物引入到了建筑内部空间，人所呼吸出的二氧化碳与植物光合作用所生成的氧气在建筑内部进行着交换；二是建筑底部与顶部的开窗结合场地本身的风向、地形等元素，形成一种自然的空气流通体系；三是在建筑符号上，将氧元素这个"0"形符号重点运用，旨在从功能和形式上都和绿色生态元素充分结合。

该建筑的形体为一方形盒子，结合室内空间的划分，在建筑顶部所掏出的每一个洞根据其大小都对应到了室内的每一个空间中，每个洞中都植有一棵形体优雅的常绿小乔木。建筑内部包围着树木的是隔热、保温但又透光、透气的高科技材料，建筑底部、顶部、侧面的开窗都旨在形成一种良好的空气流通。建筑正前方马路对面的照壁也以代表氧气的"0"形符号作为装饰，形成大小不一的漏窗。建筑后院的地台、草池、树池等也都以"0"形符号作为母体，右下方水池中的水通过和空气流通体系的结合，起到了对室内降温且保湿的作用。

"呼吸的房子"本身既是一个有关建筑设计的生态性概念，同时也是一个有着人文关怀性的概念。一个人只有保持呼吸才会拥有生命、拥有思维、拥有一切，对建筑来讲，在保证其居住和使用功能的前提下拥有生态、绿色、节能、人文关怀等概念，才算得上是高品质的建筑，就如同人一样，拥有了一定的身体机能，就拥有了生命。

浴·欲

甘露之泉，涤除凶秽，杨枝轻洒，普散愁团，我今持咒，洁净周全。

——摘自电影《青蛇》

设计解析

　　该设计以"浴"作为主题，处在设计中心的立石代表了作为人的个体，站在由圣洁之水汇集而成的瀑布下，进行着肉体和心灵的双重洗礼……

　　整个设计依托在一个山体公园之中，充分利用了山体的高差和层次，营造了一个以"竖向"设计手法为主的清雅景园空间。迂回曲折的山体步道和景墙、亭子、照壁相结合，形成了层次丰富的朝圣之路。由上山步道和休息平台结合而成的"L"形空间是该设计的核心空间，这里的所有元素都是传统景观元素的变异和再次凝练，如瀑布、叠水、小桥、观景台、石灯笼以及溪流等，都是现代形式与传统景园意蕴的结合。休息平台右下侧的圆形门洞则将人们的好奇心引到了后方，暗示着下一个景观序幕的拉开。

　　设计中点睛的地方除了中心位置的淋浴立石之外，还有休息平台挡墙上的那个由"浴"和"欲"结合而成的"汉字"。由于此字是"浴"和"欲"结合，所以看其左半部分是个"浴"字，而看其右半部分则是个"欲"字，虽然整体来看它并非一个汉字，但本质上它就是一个为了某一寓意而出现的汉字"图形"。我们每天都要洗澡，但是否在洗澡的同时也能洗掉自己内心的杂念和欲望呢？我们在洗澡的过程中，心中不免有欲望，在为欲望奔波的过程中也不免需要洗澡，这个瀑布流出的到底是甘露清明的圣水还是充满了各种贪和迷的欲望呢？"浴"和"欲"虽只有一点差别，但恰是因为这一点微妙的差别而形成了本质上的不同。

　　该设计运用了国画的背景来衬托，具有浓浓的中国古典园林意境，同时也让人感觉似真非真，使思绪游离在"浴"和"欲"的思考之中。